幸福的味道

THE TASTE OF LOVE

煮婦女王的簡單料理和幸福秘方

女王——著

Contents

Chapter. 1
有一種，延續愛情的方式

Chapter.2
女王的愛料理

我的煮婦人生
這是一本廚藝菜鳥的勵志書！

當你們打開這本書的時候，你們的驚訝指數不會比我大，因為我的人生也從來沒有想過我會出一本關於料理的書，直到現在，我一邊做著菜、拍攝新書的食譜時，我都會忍不住笑說：「天啊！我的人生怎麼會走到這一步？」，我居然會做菜、能做菜，還可以出書，這真的是我過去 30 幾年的人生裡，從來沒有想像過的畫面啊！

在結婚前，也就是我人生的前 35 年，我是個完全不會下廚、不進廚房的人，甚至碗也沒洗過幾次。在家裡很幸福可以吃媽媽做的菜，也因為媽媽太會做菜了，讓我從來沒有想過煮飯這一件事。

但是，人生很多的「開關」是你不曉得什麼時候，它會自動打開的。在我結婚後，慢慢的覺得小夫妻兩人在家裡吃吃飯也很愜意，總不能每天都吃外面吧，所以開始偶爾在家裡弄點簡單的東西吃。但是「愛吃鬼」的挑嘴基因（這是我的問題，應該不能怪爸媽），讓我覺得，自己弄也要弄得好吃才行，於是對於美食的熱情轉換成料理的熱情。我決定自己也要做出能吃、好吃的料理。

大約婚後半年才開始慢慢摸索廚藝，一直到現在結婚一年多，出版這本書的現在，我真正進廚房開始做菜也不過一年的時間左右，沒想到在這短短的一年，居然可以轉變這麼大，**從一個不進廚房的人，做出一道道料理，到分享食譜、出書，這對我來說真的是「奇蹟」一般的人生轉折！**

我媽媽看著我人生這麼大的轉變，她總是很感嘆、很驚訝的說：「沒想到我

女兒也有這一天呢！」。以前，都是她做菜給我吃，現在我常做給她吃，甚至我的手腳還比她快，我媽大概覺得這輩子居然可以吃到女兒做的菜，是一件奇蹟，所以她總是很開心的享受這個「苦盡甘來」的成果。呵呵！

當然，剛開始做菜的我，也因為自己胡亂摸索，做失敗的料理，而發生許多有趣的糗事。記得有一次我在路邊看到有人賣涼筍，我非常喜歡吃涼筍，所以想說買回家可以弄來吃，在我印象中涼筍都是媽媽弄好端上桌的，所以我以為涼筍是不需要處理的，所以自己削了皮後，就切塊端上桌。更糗的是，我還拿給我另一半和他的家人吃，大家吃了一口覺得怪怪的，涼筍怎麼那麼硬？才發現原來我沒有先燙過涼筍。哈！現在他們常拿這件糗事開玩笑，但，誰知道涼筍要先燙過再冰呢？（我相信一定也很多人不知道吧？！難道只有我不知道？）

我的另一半一開始也常吃到我許多「實驗性」的料理作品，因為自己愛「研發」，所以有時會做出失敗、不好吃的料理，但很感激他並沒有因此打擊我的信心，雖然不怎麼好吃，還是吃了下去。真是辛苦了，**我想，這就是真愛吧！**

自從我的料理「開關」打開後，我開始抱著學習和嘗試的心，去多暸解做菜這一門藝術。還好我有很會做菜的媽媽和婆婆，跟在她們身邊，東問西問，跟著學習，讓我學到了許多「家」的味道。知道自己從小到大喜歡吃的東西是怎麼做出來的，覺得很有成就感，所以常圍繞在婆婆媽媽身邊，「拜託」她們教我做我愛吃的料理。

我也開始學習認識食材，從走訪超市，到菜市場，慢慢的發現，自己的轉變居然是，菜市場比百貨公司還好逛！看到好吃、新鮮的食材，那樣的興奮，居然比看到漂亮衣服鞋子還快樂，那一刻，我真的覺得自己轉變好大，呵！但是我很喜歡自己這樣的轉變。

連出國玩的時候，第一件事就是丟了行李去逛當地的超市，買一些不容易買到的食材、調味料，以前出國玩行李裝的戰利品都是衣服鞋子包包，現在打開都是食材調味料瓶瓶罐罐一堆，連米都扛回來！還好，我有個也很愛逛超市的另一半，所以我們把逛超市、市場當作旅行中很重要的一件事，所以我也很慶幸、感激另一半跟我有一樣的興趣，對我的支持，讓我「煮婦」這一條路可以快快樂樂的走下去。

其實，**我覺得培養一個喜愛料理的伴侶，是一件很聰明的事情**，因為當他愛上了收集美麗的鍋具、餐具，他就開始想學習料理，從料理中得到成就和快樂。這時候，你一定要好好的讚美鼓勵他，最大的贏家當然是你囉！當然，兩個人一起都喜愛美食、喜愛分享、創作美食，是一件很幸福的事。當你們一起坐下來吃著自己做的料理，那樣的幸福和滿足，絕對不是在外面吃大餐可以比擬的。

常會有人說：「抓住男人的心，就要抓住他的胃」，其實我一半認同，當然你能夠做出對方愛的料理，可以增進你們的感情，但我覺得最重要的是「你要做得開心」！

如果你做得不情願、不開心，只是為了讓對方感激，但其實你自己並不是樂在其中，那麼你做久了一定會有怨言，會抱怨，會認為自己犧牲奉獻，對方都不回報。如果你的出發點不是來自自己內心的愛或熱情，那麼，努力的抓住他的胃，並不代表你們的感情一定會好。料理這件事，一定要從自己的「心」出發，你用心，對方也用心；你付出，對方也懂得感謝，你為他做料理並不是為了讓他感謝，而是你享受付出的過程，這樣你才會真心的熱愛、才會快樂，對方才會感染你的快樂。

相信每個女人都不想變成「黃臉婆」吧，我覺得做菜這件事一定要來自於愛，對自己的愛，也是對家人的愛。一定要「做得開心」，不開心就不要做，而不是做了後覺得全世界都欠你。家裡的菜美味的關鍵不是它多麼的了不起、多澎湃，而是最簡單，卻能感受到滿滿的愛。就算你只會煎個荷包蛋，只要你有愛，那就是天底下最美味的山珍海味。

感謝各位讀者在我試著做料理與你們分享的時候，給我許多鼓勵，讓我這個菜鳥可以厚著臉皮分享小小的成果。出版這一本書，也從來不在我的人生規劃裡（人生似乎沒什麼規劃，隨遇而安是我的人生哲學），一直到現在拍完了書裡的料理照片，準備要出版了，我才感受到：「天啊！我真的辦到了嗎？」那一種難以想像自己做得到的驚喜。

在料理的路上，我永遠是菜鳥，我不是專科出身，也沒有想要開店，單純只是一個熱愛美食、熱愛料理的女生、煮婦，在人生的路上意外的插曲。**我笑說這一本書不只是料理書、也不是專業的食譜，而是一本「勵志書」！**

我相信，我一個只開始學做菜一年多的女生，可以慢慢做到的事，每一個人都可以做得到，我們永遠不要小看自己，或還沒嘗試就覺得「不可能」，你沒有去試試，你怎麼知道你做不到呢？

還有，也不要怕失敗，料理就像生活一般，總是很多挫折，不可能事事順遂，也不可能每一次都會成功。但是，每次做壞了料理、做錯了、失敗了，那也是一種學習的經驗，**有時候，那些不美好的過程，讓我們找到更多樂趣，更多讓自己變得更好的方法。**

到現在我都還是覺得自己只是廚房裡的菜鳥，但就是抱著這一股不怕失敗、不怕出錯，勇敢嘗試的精神，我每一次做料理，都是興奮的、快樂的，因為每一次都像是做實驗，做成功了，我會大聲歡呼！做壞了，也會開自己玩笑。生活，或許多一點輕鬆的態度，你才會享受其中的樂趣。

我很感謝許多在我料理路上幫助我許多的人，我的婆婆媽媽，我去上課的廚藝老師，還有許多菜市場的老闆阿姨路人，還有許多樂於分享的網友……，讓我這個厚臉皮的人，問了許多蠢問題，得到許多經驗和收穫。我喜歡料理是一種「分享」的過程，分享美食，也分享創造美食的方法，最重要的是，我們要分享「快樂」。這是一本廚藝菜鳥的勵志書，感謝你參與我這菜鳥一路上的成長，我的另一半、我家人、我的朋友總是笑說：「沒想到一年多的時間你可以端出這麼多菜！」。一個過去 35 年沒進過廚房的菜鳥，現在能做菜，是不是很鼓舞大家？一起來試試看，否則你不會知道，你比想像中的更好！

吃比瘦更有福
我的「吃貨」人生

喜愛料理的人都有一顆愛吃的「吃貨」靈魂。沒錯，從小到大，我就是一個實實在在的貪吃鬼，我的人生哲學就是：**「吃比瘦更有福！」**

我愛吃的故事可以從幼稚園開始，我記得我幼稚園換了好幾家讀，每次都是我自己罷課不想去唸，吵著要換幼稚園，原因都是「點心不好吃」、「點心吃不飽」，我的父母對我還挺縱容的，因為「點心」這個原因就要換幼稚園，現在想起來還挺好笑的。

我深深的記得，每天在幼稚園我最期待的事情就是吃點心，但點心都很令人失望，不是不好吃，就是份量太少，我還會自己跑去廚房要點心吃。從小到大，「吃」是我生活中最重要的事情之一。

國小郊遊的時候，我一定要在包包放了滿滿的零食，一路上不間斷的吃，就是郊遊的美好回憶。所以現在每當要搭高鐵、火車時，我一定要先去買食物，便當飲料或零食，享受那一種一路吃不完的感覺，有一種回到小學校外教學的幸福感。

因為愛吃，所以嘴巴很刁，我雖然貪吃，但是不好吃的東西，我吃一口就不想吃，真是一個難相處的人啊！所以以前每次約會時，我最期待的不是跟對方見面，而是要吃什麼。所以我很喜歡蒐集資料、研究美食，熱愛訂餐廳，決定自己要吃什麼，甚至每個月的薪水花最多在「吃」上面。

但也因為太愛吃了，總是吃得跟男生一樣多（甚至比男生會吃），嚇到不少

人。所以我深知我這輩子注定無法扮演「小鳥胃」這樣的小女人角色。不讓我吃飽，我會不開心，肚子餓是我最難忍受的痛。去餐廳吃飯，不讓我加點，我會不開心，嫌我太愛吃，我就不想跟對方約會了。這大概就是「吃貨」的心酸吧！

可想而知，「節食」也從來不會出現在我瘦身的選項中。我寧可大吃，然後去運動，也無法用不吃的方法來維持身材。而且我發現，節食並不能維持長久，刻意不吃某一類的食物（例如：澱粉）也不能長久維持，營養也不會均衡。雖然我對身材這一件事抱持著很豁達的態度（我家沒有體重計），但我發現自己下廚做菜，就算吃多了，也不會胖。因為自己挑選的食材，使用的油，料理的方法，都可以自己掌握在一個比較「好」的狀態，所以吃的東西進肚子比較安心，多吃一點也不會胖。

再來就跟許多下廚的人一樣，當你煮完了，你就不會那麼餓了，好像在煮的過程就飽了，所以吃的量也會比平常少一些。所以說，自己做料理，不只可以控制食物的品質（吃進好的東西），也能莫名的減少食物的量。這或許也是一種維持良好健康和身材的方式吧！

享受美食，是多麼幸福美好的一件事！有人說，**吃貨都有一顆善良的心**，因為只要吃到好吃的東西，心情就好了，就沒什麼好計較了。我也相信，美食可以療癒生活中的許多不開心，容易開心滿足的人，自然比較快樂，當然就不會去計較、去傷害別人。我是這麼樂天的相信這件事，所以我也喜歡跟愛好美食的人做朋友，一起吃、一起享受、一起分享，人生多美好，不是嗎？

對於「吃貨」來說,看到美食和食材,就是一件最頂級美好的事。我很享受逛菜市場、逛超市的感覺,因為可以找到自己喜歡的食材、挖到寶,發現新大陸,那樣的過程真美好。現在的我會因為買到漂亮的蔥、當季的菜,挑到好的肉、買到好的醬油……這一類的事情開心好久。以前的自己可能也沒想過,有一天我生活最大的快樂來源是來自於那些菜、那些肉。說著:「這一把蔥好美!」的感動好似我以前說著:「那一雙鞋好美!」。哈,人生的轉變是不是太有趣?

說到「吃比瘦更有福」,**我自己有一個觀念和哲學,就是對於食物要抱著「感謝」、「喜愛」的心**,當你越喜歡你自己吃下去的東西,抱著快樂的心情,那麼,你吃下去的也是好的能量。相反的,有些人對於食物是充滿厭惡、否定、責怪的,覺得那都是熱量、都是害人的、罪惡的東西,所以他們在吃東西的時候不快樂,為了滿足口慾,又抱著罪惡痛苦的心情,看到食物都覺得是要害他的。甚至,看到別人吃美食會掃興的說熱量有多高……,天啊!基本上我不會跟這樣的人吃飯,實在太沒意思了。

我發現,當你對食物抱持著越「否定」的態度,你吃下去的也都是你自己的負面能量。當你越詛咒自己肥,你就會越來越肥。你會發現有些人就算吃得少,還是會復胖,還是不知道為什麼會胖。除了飲食的挑選外,我覺得「心態」是一個很重要的因素。

你要對食物充滿愛,你不要抱著罪惡感吃東西,也不要覺得多吃一口就會害你胖一公斤,你的身體會感受到你頭腦發出來的能量。既然你要吃了,你就

讓自己開心的享受吧！當然你知道要維持健康、要運動，但是美食也是生活中美好的一件事，如果進食是痛苦的，生活又有什麼樂趣呢？

你覺得，要當個快樂的微胖人，還是要當個不快樂的紙片人？我覺得有點肉，只要在你接受的範圍，其實那一兩公斤根本沒有人會注意，別人會注意的是你一直說自己哪裡胖。所以，不要當一個到處說自己又胖了的女生，也不要當個別人吃飯你卻掃興說吃了會胖的人。

一個女人有沒有魅力，不是在於那一兩公斤，而是她的態度。既然你沒有要當超模，又不是靠身材吃飯，那又何必活得那麼苛責自己呢？

一個男人愛不愛你，也不是在於你多瘦了那一兩公斤，而是，他覺得跟你在一起很自在、很舒服。

當然，我們愛美，要讓自己維持在美好的狀態很重要。但享受美食也是生活的樂趣和浪漫，懂得享受美食的人，通常都懂得怎麼好好過生活。

當一個快樂的吃貨，不只是吃，而是懂得吃，享受吃，進而創造出自己愛吃的美食。將「愛的料理」與你愛的人分享，這對「吃貨」來說就是最浪漫的事！

Anyone can cook
為愛料理！

前陣子又重新看了《料理鼠王》（Ratatouille）電影，我很喜歡這電影，看過幾次，再看依舊充滿了新鮮感。

現在看著，突然有一種與過去不同的感觸，其中一句話「Anyone can cook」讓我好感動，因為現在也開始下廚，看著片中做料理的片段更有意思。即使不是廚師、不是專家，但是每一個人都可以做出料理，因為料理並不是高高在上的，美食也不是一定要多高的門檻才能做，只要你有心，就算只是煎個荷包蛋、煮個泡麵，對你來說這就是美味，不是嗎？

每一個人都有料理的可能，最幸福的料理就是來自於「愛」。

對家人的愛、對另一半的愛，對於食物的愛，對於料理過程的愛。這樣的熱情，讓你做出美味的料理。那麼，即使過程再辛苦、不便，再累，你都甘之如飴。就像我每次明明很累很忙，但還是想要去買菜，想要準備食材、做料理，甚至事後的清潔工作，洗碗很令人疲累，但是，為了想做一頓飯給你所愛的人吃，那些辛苦、不便，你都會快樂的接受。

很多人會問我：「這樣不累嗎？」我笑說，累是一定的，但很開心、很值得。大概是我天生就是個「付出型」的人吧，我覺得人的快樂是來自於你甘願快樂的付出，那樣得到的滿足和成就比起單純的「收穫」還令我快樂。

人生中，有個讓你願意付出的人，是很幸福的事。不是嗎？

人生很有趣的地方是，人生的階段不斷改變，也讓你發現「原來我也可以這樣」、「原來我也做得到」，一開始為了愛吃而煮，然後為愛而煮，我發現料理的時候讓我熱血沸騰，現在逛超市、菜市場更讓我興奮……，這跟過去的我實在差很多。

每一個人，為了「愛」而去做那些讓你自己、讓你愛的人開心的事，是多麼的美好。即使，做這些事很麻煩、很累，但依舊心甘情願，連最討厭的洗碗、除蝦腸泥都甘之如飴。（天啊！我以前怎麼敢用手摸生蝦？更別說是用手指除腸泥了！）

對每一個人來說，最感動你心的不一定是頂級美食，而是最有家的味道。一道揪心的料理讓你有家的味道。

一個對的人也讓你有家的感覺。簡單、質樸、踏實、純真。

看著料理鼠王吃著美食的幸福洋溢表情，突然覺得跟我自己好像。認真料理的樣子，也讓我會心一笑。在料理的世界，即使再渺小、再笨、再菜鳥的人，都可以做料理。當然，我們並不是要當名廚或專家，我們不是要開餐廳摘星星，我們是只想煮飯給家人吃的平凡小煮婦，平凡小老鼠。

平凡如我們，也可以做出讓自己開心的料理，讓家人幸福的一餐。這不就是最偉大而渺小的幸福嗎？

Anyone can love, anyone can cook.

愛不難，料理不難，只要用心，就能擁有美好的簡單。

Chapter. 1
有一種，
延續愛情的方式

女人的軟和硬，要放對地方

寫作兩性的文章，總是會遇到不少人、聽到不少女性的故事，認識一個心地善良、為人也很和善的女生，離婚多年一直走不出來，她的另一半是外遇離婚，她總是不解自己什麼都做得很好、當個好女人，為什麼還是會離婚？

雖然說離婚在現在的社會一點也不稀奇，但難免也會好奇，離婚的那個「點」到底在哪裡？（其實最簡單的就是「不愛了」）慢慢的我發現，她的個性讓自己很吃虧。譬如說：她不懂得在另一半面前說好聽的話，講話總是很硬，愛逞強、喜歡爭論對錯，所以常爭吵，有時會讓人害怕踩到她的地雷。她讓人覺得她缺乏女性的溫柔，但她又不是想要當女強人，她骨子裡卻是個超級小女人，很希望找個人依靠，但總是表現出剛好相反的模樣。很怪吧？！

她說，她這輩子沒有撒嬌過，令我非常訝異，後來才發現，身邊很多女生也是從來不會撒嬌，覺得這樣做很難。天啊！你們真是枉費了女人的天賦和武器啊！

另一個女人的故事，她結婚 20 年了，基本上跟另一半已經分房睡過著「室友」般的生活，另一半常在外拈花惹草，讓她非常生氣，所以兩人總是爭吵、冷戰。我問她：「你想要跟他好好走一輩子，還是離婚各過各的生活？」，她很訝異的回答：「我從來沒想過要離婚，雖然很生氣，但還是希望可以過一輩子啊！」

我說：「**如果你要的結果是要『在一起』，但你卻用『不想在一起』的態度和方式對待他，那不是背道而馳嗎？**」她說：「錯的是他，又不是我。」但

是，如果你一直堅守自己是「對」的，他是「錯」的（你當然沒有錯），但
這並不會達到你想要的結果啊！

★ 你想要什麼結果，就用什麼方式去做

在感情中，我常用「**結果論**」來回推該怎麼去做，如果你要的結果是在一起、
是幸福婚姻，那麼，你該做的不應該是吵架、冷戰、拒絕溝通，甚至把他往
你身外推，而是，你要用智慧、你的魅力，把他吸引過來，好好的經營感情，
才能達到你要的「結果」啊！如果你要的結果是離開、放棄，那麼就去做。
做任何事，先想你要的結果，感情也是。

她們吃虧的地方就是，自己要的，跟表現的，是完全相反。那麼，她們當然
得到的不會是自己要的結果。很多人會說：「但是就是一口氣嚥不下來、為
什麼我要先示好？」。最後，逼走你愛的人是你自己，即便你有多愛他，但
你用錯的方法去表達你的愛，對方不能領情，受傷難過的還是你自己啊！

★ 女人要似水，夠柔軟，也有力量

很多女人吃虧的地方就是，心腸軟，但個性硬、嘴巴硬。慢慢的我發現，個
性決定命運的確有道理。

就像我之前寫過的文章，既然你有豆腐心，又為何要有刀子口呢？如果你愛
一個人，卻用傷人的方式、耗損感情的方式去愛，你覺得對方又為什麼一定
要接受你的愛呢？

女人是水做的很有道理，水很柔軟，可以適應各種容器和環境，但水也很有力量，可以發電也能灌溉。很多女人吃虧在明明有一顆柔軟的心，但卻有一張不討人喜歡的嘴，和硬碰硬的個性。

★ 該硬的時候硬，軟的時候軟

我覺得女人的軟和硬要放對地方，該軟的時候要軟，該硬的時候要硬。

你要有一顆柔軟的心，但如果你總是心太軟，沒有原則、任人欺負、被吃得死死，很吃虧。你要懂得，該有原則的時候、該為自己爭取、懂得拒絕時，要硬起來，並不是你要去跟別人吵架，而是你可以用委婉而堅定的語氣，去表達你的立場。

女人要練習把「要」和「不要」說清楚，我們常會怕得罪人、不好意思，怕被誤當壞女人，而不懂得拒絕那些我們不想要的事，最後累的也是自己，更別說別人不會體諒你。

許多女人常抱怨那些婚姻或生活上遇到的壓榨、不公平，但事實上，你當時並沒有說 No，如果你沒有拒絕，那麼事後抱怨也無濟於事。那麼，為什麼不學會對自己不要的事說 No 呢？

如果你的伴侶、你的婆家對你的要求已經超過你的範圍，你當然可以拒絕（請有智慧禮貌的拒絕），不管是生活上、婚姻上甚至職場上都是。你要有原則，而不是痛苦的當個濫好人。

一段關係要好、婚姻要幸福,絕對不是你什麼都做,而是你做的事情是你喜歡的、甘願的,而且被感謝、被珍惜的。

★ 個性硬、嘴巴硬,吃虧是自己

許多女人嘴巴硬、個性硬,其實會讓另一半覺得你很難相處、覺得被否定、沒有被需的感覺,甚至總是因為小事口角爭吵不斷。雖然說個性是很難改的,但如果試著讓自己不要那麼的「硬」,有時留給自己或對方一點退路、不要那麼計較對錯,兩個人相處才不會總是處處地雷。

女人身段要軟,懂得給自己和對方台階下,其實表面上看起來好像你虧了,但事實上,你贏了感情、你贏到對方的感激。這其實才是你想要的,不是嗎?

在「身段軟」和「有原則」間,在軟硬間找到自己的平衡,該硬的時候硬,你會得到尊重,該軟的時候軟,你能得到疼愛。

該硬的是你的想法、你的原則、你需要被尊重的地方,該軟的是你的態度、你的脾氣,你的手腕。

女人懂得要軟硬放對地方,才不會吃虧,才會吃香!

結婚是一天，婚姻是一輩子

聽到一句話，我也很認同：「結婚不只是在已婚欄上打個勾這麼簡單⋯⋯」

相信許多已婚的人聽了也紛紛點頭，有讀者問我，如果年紀到了、有壓力了，沒有結婚會不會很奇怪？我說，結婚比起婚姻來說簡單太多了，要結婚也許不難，但要擁有一個禁得起時間考驗的幸福婚姻，結了婚後要過得快樂，比較難。

許多人覺得結婚就可以解決單身的問題，但我一直覺得，**婚姻不是拿來解決問題用的。**如果你的人生本來就有問題，你們的感情有問題（甚至他本來就是一個有問題的人），那麼，只是用「婚姻」來綁住彼此，或解決問題，其實那問題一直存在，而且會越來越大，甚至牽扯了更多的人進來（雙方家庭）。

辦個美好浪漫的婚禮，當新娘只是一天，但是要擁有一段幸福浪漫的婚姻，當個快樂的老婆，就是一個漫長的考驗。我覺得「已婚」是一種狀態，但是要怎麼當個幸福快樂的已婚者，才是你要進入婚姻的重點。

相信你也看過不少婚姻不幸福，或結了婚更不快樂、受委屈的案例，或許這時候你就不會羨慕「已婚」這件事。那麼，要如何進入一段婚姻，然後又擁有幸福快樂呢？**首先你要找一個真的可以「共同生活」、「共度一生」的對象，相愛當然是重點，但是我認為能夠「相處」才是最重要的事。**

因為再多的愛，也會被家庭和生活瑣事所磨滅。

所謂的「伴侶」不就是可以攜手一生相伴的對象嗎？你要能和一個人走得下去，不管遇到什麼難題、爭吵，還是可以一起努力度過、經營，那麼，婚姻之路才能長久。

在籌備婚禮的時候，許多人會因為一些細節、習俗或瑣碎的事情不愉快（但其實過了幾年後，你會覺得那些瑣事真的一點也不重要，當時為何要不愉快？），因為太重視「婚禮」瑣事或習俗，而破壞了兩人或雙方家庭的和諧，其實，長遠來想，婚禮只是一天，或一晚，但婚姻才是一輩子，如果連一天都可以鬧得不開心，那麼一輩子要怎麼過？

我覺得婚姻是彼此要「**相讓**」，沒有誰要比較強、弱，或非得要對方都要聽你的。如果在籌備婚禮時遇到什麼不同的意見或想法，如果真的沒那麼重要，讓一下對方，或讓對方開心一點，其實也無傷大雅。不要為了這一些未來想起來一點也不重要的小事，而影響到結婚的情緒或雙方的感情。很多人說，婚禮的準備是彼此踏入婚姻前的考驗，如果這個考驗過了，未來兩人會更懂得如何攜手一起解決問題、經營感情。如果這個考驗讓你發現彼此不適合，你也不想委屈自己，那麼，不一定要為了面子或其他人的期望而逼自己結一個不快樂的婚。因為，勉強自己將來你也不會快樂。

兩人一起攜手度過結婚的過程、一起面對考驗，婚禮後，真實的人生考驗才開始！能夠努力經營，攜手共度生活的考驗，擁有一段幸福長久的婚姻，才是最重要的事。

婆媳相處真是一門學問
家庭關係好，婚姻才會幸福！

自從踏入婚姻後，常聽到不少已婚者談論著婆媳問題，其實不只結婚，在婚前很多人就會面臨了交往對象的家庭問題，譬如說家人的干預、無法相處，甚至媽寶的問題……，很多人會以為愛情就是兩個人的事，但其實看多了現實中發生的狀態，你會感嘆，愛情、婚姻都不是只有兩個人的事，尤其是婚姻，更涉及兩個家庭的事。

如果遇到對方的家人不好相處、有婆媳問題，即使夫妻感情再好，也會一點一滴的被消磨掉，所以很多人離婚並不一定是夫妻感情出了問題或有小三，而是婆媳問題。畢竟在一起長久，「生活」才是最重要的，和對方的家人相處就是一種婚後的生活，**如果生活過得不開心，兩個人即使再愛，也會敵不過現實的考驗和折磨。**

★ 嫁給對方前要多到對方家庭走動

人們總說：「女人何苦為難女人？」但婆媳問題一直以來就是婚姻中的一大影響，許多人說：**「遇到好婆婆就是上輩子燒好香。」**

首先，你要有個好婆婆、好相處的家庭。很多女人談戀愛覺得無所謂，覺得對方的家人沒有關係、沒有影響，我以前年輕時也是這麼想，但是若你覺得要步入禮堂、要找的是結婚的對象，你真的要多深入瞭解對方的家庭。

從對方的家人相處模式來觀察，譬如說你的另一半對家人的態度好嗎？孝順嗎？（孝順和媽寶只是一線之隔，你要分得清楚）他的父母是掌控他、干涉他、還是尊重他？我覺得，你要找一個適合結婚的對象一定要有家庭觀念、

責任感，如果他對原生家庭沒什麼責任感、自私自利、沒有禮貌，那麼他未來也是這樣對你。也要小心遇到對方家庭會有財務問題或經營不法的事業，有聽過全家人都負債累累、逃漏稅、做黑心的事業，不要以為這些跟你無關，等你結婚後，這些都與你有關了。

如果對方的家庭是健康快樂、充滿溫暖的家庭，也懂得尊重年輕人的生活，而不是干涉。未來你也會過得比較快樂。多瞭解對方家人的個性，你也比較好掌握。

★ 不要跟公婆同住，距離是美感

許多已婚的女性都說，不要跟公婆同住，就算只是「暫時」也不要答應，因為住了後，要搬出來就難了。所以她們都說決定要結婚時，就要先找好房子，租的、買的付房貸都沒關係，小家庭一定要有自己生活的獨立空間。

而且不住在一起，比較有距離的美感，大家的感情會比較好。想想看，不同生活方式的人要同住屋簷下本來就會有所摩擦，再來，小家庭自己住，你的另一半才會多參與幫忙家務，否則住家裡他還是過一樣的單身生活，家事理所當然有人做、水電有人繳，這樣的生活是無法自立。

在網路上看到許多婚後辛苦又痛苦的女人，都表示跟公婆同住會影響夫妻感情，甚至有了小孩，教養方式不同也是一大摩擦。最後消滅婚姻的第一根，也是最後一根稻草都是跟公婆同住。當然，也是有人同住也覺得很不錯，這就是上輩子燒好香了吧，但婆家畢竟不是你家，對女人來說，還是不一樣的。

★ 婆媳破冰，先主動釋出善意吧

想想看，如果你今天有個兒子，你辛苦的養他長大，他未來的老婆，你一定會抱有期望吧！所以，你的婆婆也是一樣的想法，很多人問我要怎麼跟婆婆相處（我很幸運剛好是燒好香的那個人），我覺得長輩一開始一定不會跟你掏心掏肺，一定要相處到某個時間後，熟了有了感情，才會真心對你好。

所以我們做晚輩的，其實不要一開始婆婆表現得不熟就感到畏懼，長輩都喜歡有禮貌、帶笑臉，喜歡主動找他們講話的，所以請一定要主動打招呼、笑嘻嘻，然後找話題跟他們聊。

像我自己，**就從「美食」開始切入**，我婆婆很會做菜，我就很認真的吃，然後大力的稱讚她做的菜好好吃（這對婆婆們來說是很貼心的行為），一定要道謝，然後她在忙的時候就幫點小忙。至於要不要洗碗，我覺得看情況，你可以主動收拾、把自己的碗筷洗乾淨就好，不一定到要包攬全部的洗碗工作，如果公婆說你不用做，你就不要做。有些婆婆會覺得廚房是她的地盤，可以幫點小忙，但不要越界。

沒事也可以打打電話給婆婆，問吃飽了沒、天氣涼了多穿點，其實只要幾秒的時間，他們就很開心了。**主動釋出善意，你得到的快樂會更多。**

★ 不要在公婆面前罵老公

如果夫妻有拌嘴或不愉快，不要在他的家人面前罵他、或給他難看。因為這樣就算你們和好，你在他們家人心中的印象也不好。如果真的是老公的錯怎

麼辦？那麼，你就裝委屈吧（是真委屈吧），讓公婆來替你講話、讓他們去唸他們的兒子。

不要在公婆面前或外人面前爭吵、罵對方，這樣只會讓自己難看，是很不智的舉動。未來和好大家都會有疙瘩在。**所以即使夫妻有不快，自己關起房門來溝通，不要讓家人來介入。**

★ 有禮貌的做自己

跟婆婆相處是需要智慧，你需要圓融，但是也不要失去自我。

婚姻、育兒還是你自己要掌控的，所以必須要讓婆婆知道，你對她好，但她也需要尊重你。大家要互相尊重。

如果你不想要、不喜歡做的事、不願意配合的，你也可以用好聲好氣，委婉但堅決的態度跟婆婆溝通，而不要為了一時的客套、假裝客氣，就忍耐、委屈，因為如果你這次接受了，對方會以為你接受，將來你再來反對或抱怨就沒有用了。所以你不想要的事情，可以用比較好的態度來表達，理直但氣和，有想法就好好的說出來，才是良好的溝通方式。

我常笑說其實我在公婆面前都是很「真誠」、「真心」的，不需要演戲，也不用假裝客氣（要演一輩子多累啊），所以我都是很真誠的做自己，從沒有假裝過。**但是「做自己」的前提是有禮貌，你要讓公婆瞭解你真實的個性和想法，但是你要用很有禮貌的方式表達。**

譬如說我會讓婆婆知道，要跟我說什麼就要直接跟我說，我聽不懂暗示，所以不要暗示我（我神經很粗感受不到），婆婆也瞭解我個性，她也是有話就講的人，所以我們直來直往的個性相處起來就挺合的。（當然有禮貌還是很重要）

每個人個性不同，婆媳倆個性當然也不同，既然要相處一輩子（如果沒意外的話），那麼，就好好找個你也開心、對方也接受的方式，找個最棒的「平衡點」吧！就算上輩子沒燒到好香，這輩子也要眼睛睜大，靠自己的智慧去經營家庭。

家庭關係美滿，婚姻才會幸福長久。

許多女人婚後（甚至談戀愛時期）就會很擔心對方媽媽（未來婆婆）會不會喜歡她，而去處處討好。當然想要維繫良好的關係很重要，但是也別忘了，生你養你的還是你的原生家庭，還是你媽媽啊！千萬不要「忘本」！

不要結婚後總是花時間和精神在婆家，而忽略、冷落了自己的原生家庭，嫁出去的女兒絕對不是潑出去的水，我婚後反而很愛回本來的家（娘家）多陪伴自己的爸媽，不希望讓他們覺得女兒結婚，自己就會被冷落。也還好，我住離娘家很近，走路 5 分鐘就到，所以常回家當「女兒賊」。兩家的家庭關係好，公婆疼媳婦，親家母也疼女婿，大家互相友好，家庭和樂，婚姻也會更幸福！不是嗎？

# 愛，沒有理所當然

很多人常會有的問題就是，在一起久了、相處久了，要怎麼維持感情？

我們常會覺得兩個人在一起久了，就會變成老夫老妻模式，彼此就是「家人」了，所以很多事情就可以不必太在意、不必計較太多，這或許是好事，但如果你這樣太過「放鬆」甚至放任、隨便的態度，覺得在一起久了，對方本來就「應該」為你做什麼，或你根本不去關心對方的感受，其實，感情還是會說變就變。

有許多人跟我說到另一半外遇的問題，他們很氣憤對方為什麼可以說走就走、愛上別人，這麼忘恩負義……，的確，這是違背婚姻的誓約。但是換個角度想，人的心本來就會隨著時間改變，「感情」本來就不是婚姻或法律可以控制的。

說難聽一點，我們真的不要期望只要跟一個人在一起了、結婚了，這段感情就一定會天長地久，這世界的變化本來就很大，未來幾十年後會發生什麼事，我們也不能預測。說不定到時候不是他不愛你了，而是你不愛他了？也有可能啊！**我們能做的不應該是用「法律道德」去維繫一段關係、一段婚姻，而是，用我們的「心」去努力維持一段感情的長久。**

我看有些人的外遇問題，其實他們的婚姻本來就有問題了，外遇只是壓死駱駝的最後一根稻草。有的人婚後兩個人不再花心思在對方身上、不再溝通、不談心，甚至把不滿都放在心裡，只為了維持表面的和平。有的人甚至只花心思在孩子身上，不花在另一半身上。他們往往覺得，既然都結婚了，「夫

妻」已經是既定的事實了，就不需要再去為「感情」做努力，也不再用心「經營」，那樣的感情自然會變淡、會出問題。

當然，如果感情或婚姻出現第三者，那一定是錯誤（就道德來說），但很多人會把感情的破裂怪到第三者身上，而忽略、逃避去面對其實彼此的感情早已不美好的事實。那麼，就算不是這位第三者出現，是其他第三者，都有可能輕易的「破壞」你們的感情。

我認為，與其去防止第三者，去制止別人來破壞你們的感情。不如把彼此的感情「經營」好，就算任何一人面對了誘惑，都可以不為所動，這樣的感情才能堅固、長久，不是嗎？

我覺得我們要去改變自己最大的迷思就是，不要進入了一段感情後，就開始「理所當然」的認為什麼事都是應該的。

很多人覺得對方為自己做什麼本來就是當伴侶該做的事，甚至認為這是他的「義務」和「工作」，但，他為你付出不是理所當然，你應該還是要抱著感謝的心情，感謝他為你做這些事情。譬如說：你的另一半做家事，這並不是他的「義務」，如果你抱著這樣的心態對他，他也會做得不甘願、不開心。如果你懂得在對方為你做任何事時跟他說一聲：「謝謝你」、「還好有你幫我……」、「你可不可以幫我……」，對方聽了不也會很快樂嗎？

將心比心，如果你在為他付出一點什麼時，他對你表示了感謝，你也會甜在

心吧！**不要說老夫老妻何必說這麼多，但是說真的，有說有差！**

在一起久了，你會覺得對方「理所當然」就應該如何、就應該怎麼做，你自己也會「理所當然」的覺得，在一起久了，對方就要包容你什麼、接受你一切（缺點），更糟的是，兩人都「理所當然」的覺得既然都在一起了，何必去花時間多做什麼、不必談心，也不用太肉麻、更不用去「用心經營」。有很多女生開始不打扮、不化妝，每天都很邋遢，因為都在一起了，又何必刻意裝扮呢？

這樣的「理所當然」到最後，這段感情就會慢慢的腐化、停滯，然後直到某一天出現了什麼問題讓感情破裂、大爆炸。而這一切，都是有跡可循的。

那些遇到另一半外遇的人總說：「他怎麼可以去愛別人、他應該愛的是我！」但是，說實在的，在他外遇之前，你有好好的愛他、你們有好好的「相愛」嗎？如果你總是冷落他、忽略他的感受、慢性傷害他、對他很差……，如果你們的感情早已是一灘死水了，你又怎麼能怪他不愛你、去愛別人呢？

我絕對不是幫外遇或第三者說話，而是，我們更應該把責怪別人的「逃避心態」轉化，如果，你不希望你所愛的人不愛你了、你不希望他外遇劈腿，那麼，你就更應該好好珍惜這段感情、經營這段感情，付出更多愛，讓你們的愛情更堅定美好，不是嗎？而不是等到發生了問題、對方變心了，再去指責對方的錯，強調你有多愛他，這都只是於事無補。

很多時候在一起久了的人，會擺爛，會覺得既然我們已經「認定」了彼此的關係，很多事情就可以擺爛，甚至對對方越來越差，覺得既然都在一起了，你就要「接受」，這本來就是理所當然。但是，人本來就會變，對方不一定會愛你一輩子，我們本來就要抱著這樣的「危機意識」，才會更好好的珍惜感情、好好的提昇自己，否則，我們哪來的自信覺得對方一定要愛我們呢？

不管是愛情、親情、友情皆是如此，我們也常把家人、朋友的付出視為理所當然。但，最後我們往往會吃了很大的虧、犯很大的錯，得到許多後悔，最後才明瞭，原來都是我們不夠珍惜、我們太過自以為是。要如何維持感情？最簡單也最不容易的就是不要把一切當作「理所當然」，不管是對自己或對他。對自己來說，就算你結婚了，你還是不能放棄自我、還是要提昇自己、讓自己變得更好，為感情多付出，讓自己一直保有個性和思想上的魅力。**如果你覺得對方很棒，你更應該「理所當然」的讓自己成為配得上他的另一半。**

對他來說，對方為你做了什麼，你都不要「理所當然」的覺得是應該，甚至不斷苛責、批評他，他不是你的員工，你也不是他的老闆，並不是他跟你在一起就要忍受一切、被你予取予求。你要抱著可能未來會失去他的「危機意識」去好好的經營感情、培養彼此穩定美好的「關係」。

放掉「理所當然」的盲點和迷思，你會更懂得珍惜感情。

結婚前多看缺點，結婚後多看優點

有許多讀者常問起婚姻問題，他們大多都有疑問，如果婚後對方很多地方都不願意改，講也講不聽，該怎麼辦？

其實，我覺得人是很難改變的，尤其是我們自己也很難改變自己的個性了，又怎麼能去改變別人呢？而且，**婚姻的生活，一旦習以為常後，要再去改變，也不是一件容易的事。**

很多時候，交往久了或結婚的兩個人，互相看對方不順眼的點也會越來越多，畢竟相愛容易相處難，許多婚姻的問題、會吵架的點，都是一些生活上的小事。

所以你常可以看到許多夫妻為了小事爭吵，越吵越嚴重。還記得在我婚前時，曾聽過朋友說過一句話，我覺得很有意思：「結婚之前，要多看缺點。結婚之後，要多看優點。」

也就是說，在你還沒踏入婚姻時，要慎選、多觀察，如果對方有嚴重的缺點、或你無法接受的點，你可以趁還沒走入婚姻前再多思考、做決定。**還沒有結婚，真的不適合就不要勉強自己，你還是會遇到真的適合你的人。**

但是，當你們已經進入了婚姻，就要多包容、多體諒，多看對方的好，少計較。兩個人在一起若懂得多欣賞對方的優點，少一點苛責和挑剔，感情才會長久。

（當然，前提還是，對方的小缺點、小爭吵，是你可以接受包容的「小事」，不是那種會外遇、家暴，對你造成傷害或對感情不負責這樣的大事。婚姻真的走不下去，也不需要勉強自己。）

很多時候，在一起久了，或許會忘了當初對方吸引你的原因是什麼，當初為了什麼在一起，忘了好好去經營彼此的愛。在一起久了，也會把對方的付出當作理所當然，覺得對方「應該」怎麼樣，「義務」要做什麼，也少了從前的感謝和珍惜、知足，於是，常放大對方的缺點，而忽略了他當初吸引你的優點。

其實人的優缺點本來就是相伴而來，他有什麼吸引你的優點，自然會有他的缺點。這都是一體兩面。

我們自己都不完美，又怎麼能要求別人凡事完美、什麼都要做得好呢？而人總是太常去檢討別人，太少檢討自己。兩個人在一起本來就是互相，不只是對方要付出，我們自己也要懂得付出。

這世界上本來就沒有完美的伴侶，也沒有人一定會凡事順你的意，世界也不是繞著你旋轉。我們不應該把別人的標準、想像中的標準套用在我們另一半身上，這對他來說也很不公平。不如，我們就學會接受生活中小小的缺陷、不完美，只要對方不是真的犯了嚴重的錯或傷害到你，你若想要有一段快樂的關係和婚姻，你就要懂得凡事退一步、放下你的堅持和身段，多給對方一些感謝和鼓勵！

學會欣賞另一半的優點，多給他一些讚美和鼓勵。對於他的缺點，你可以給他建議，但也請給他多一點包容和時間，讓他可以慢慢的進步、變得更好。或許改變不了的地方，就學會欣賞他吧！放下你的完美主義，或許，你也會過得比較快樂，不是嗎？

很多時候，你將心比心、或換個角度來看事情，就會有不一樣的想法。多體諒對方，也不要一直逼自己，或逼對方。你想要有個氣氛快樂的家庭，那麼你可以先丟出你的善意、放下你的堅持和身段，對方也會感受到你的善意。就像我寫過的「**吵架不要爭輸贏，贏了面子，輸了感情又如何？**」，不要一直爭對錯，自己錯了也要懂得認錯。有時候，放下一點點面子、一些執著，你可以擁有更幸福的生活，何樂不為？

幸福的婚姻並不需要多高深的秘訣，有時只要你換個心情、換個角度去看，你可以選擇要快樂還是痛苦，用你的智慧去好好經營你想要的關係。

相信你選擇了他就是你欣賞他的優點，那麼，就別忘了相愛的初衷。

結婚後，多欣賞另一半的優點，擁有快樂的伴侶、快樂的自己，才會有一段快樂的婚姻。

結婚，不是用來解決問題的！

常收到許多讀者來信，問到了面臨想要與交往對象結婚，但是兩人之間還是存在著許多問題，不知道是不是應該要結婚？或者是結婚後，問題就會沒了？

親愛的朋友，結婚真的不是拿來解決問題的啊！如果你真的抱著結婚後就會改變對方，或你們的問題自然而然就會解決，那真的是不可能的！你可以去問問看身邊已經結婚的朋友，相信他們會告訴你真實而殘酷的答案。

很多時候，女生覺得年紀到了應該要結婚（大多是迫於壓力），於是就會希望身邊剛好在交往的對象是結婚對象。但是，**往往你想結婚的時間點不一定是對的，或是你剛好遇到的人不是對的，結不了婚。（但請相信，這個婚不結絕對是對的）**

有讀者說，很想跟交往的對象結婚，但對方從來不公開交往（FB 從來沒有放過合照），對方總有很多理由希望她不要干涉他的生活，或不要去管他太多。事實上，明眼人一看就知道，她可能遇到的對象根本沒有認真、公開跟她交往。他口中的「結婚」真的只是說說而已。我曾遇過一些男生老實說，只要他們說「想結婚」，女生就很容易陷入，以為對方真的很認真，結果他們真的只是說說來騙你的，說不定你不小心懷孕了，他也不會娶你。

也有人遇到跟男友準備要結婚，也交往多年了，但男友顧忌前女友的感受，所以不想讓前女友知道結婚的消息（甚至結婚後還要隱瞞前女友自己的婚訊），我看了實在太傻眼，不懂這個男人是重視前女友的感受勝過自己老婆

的感受？還是真的人太好、心太軟，這麼怕傷害前女友？

如果真的放不下過去，為什麼談戀愛？為什麼要結婚？要現任受傷？角色互換，如果你遇到這樣的情況，你也可以接受嗎？

甚至我常看到不少人用「結婚」來解決問題的，因為對方太花心、劈腿，以為自己最後戰勝情敵，領到結婚證書，對方就會收心、為婚姻負責。結果，婚後還是一樣玩的人更多，甚至，一點也不在乎你的感受。因為吃定你最後一定會接受妥協。

遇上一個不負責的人，以為生了小孩可以讓他變得負責，但沒想到生了幾個小孩後，對方還是個沒有肩膀的人。最後變得好像是假性單親媽媽，育兒變成自己的責任。另一半還是過得很像單身的生活，繼續去夜店玩、喝酒到天亮、跟哥們出去鬼混……。

我真的覺得，**如果你交往的對象，本身就有你無法接受的問題，或你們之間本來就存在著問題。那麼，你們先去解決好那個問題，再去談結婚。**

在未婚的時候，我們總把婚姻想得太美好，以為結了婚就一定「從此幸福美滿」，缺點、問題、差異……都會消失，事實上，婚後才是「真實人生」，所有的問題更加放大，更加上雙方家庭的問題……不單單只是你跟他兩個人的事。你要面對的問題會更多、更複雜，真的不要傻傻的以為結了婚就沒事了。

如果你還沒結婚，發現彼此無法解決的問題，分開、不結婚都好，因為分手總比離婚容易。如果又有了小孩，從此就要過著「為了小孩忍耐不幸福婚姻」的人生幾十年？你受得了嗎？你要付出的時間和成本太高了。

甚至有些讀者問我，他們已經懷孕了，所以希望跟對方結婚。但是對方卻是個花心、不負責、不想要小孩的人、甚至還會打人，那麼該怎麼辦？我想，如果你可以自己生、自己養，你也可以給小孩快樂的生活和家庭，如果硬要一個不負責、不愛你的人跟你結婚，你過的苦日子絕對會比你一個人生活還慘。我很喜歡一句話：**「快樂的單親，絕對勝過不快樂的雙親。」**你硬要給孩子一個不快樂的家庭，這一點也不是健全，站在孩子的角度，你希望你的母親每天懷抱著仇恨和痛苦的抱怨著「都是因為你……」嗎？

如果你不確定要跟這個人結婚，你們感情還不穩固，女生真的還是要做好避孕措施（當然男生絕對要避孕），為了一時的快樂、愛錯了人而毀了自己的人生真的很不值得。

在婚前發現彼此巨大的問題，家庭無法解決協調的問題，那麼，無法踏入婚姻、無法擁有結婚的共識，其實不一定是壞事，總比婚後才發現好。很多時候「相愛」並不一定能解決「相處」的問題，結婚不只是靠「愛情」還要靠彼此對生活有共同目標、價值觀和想法。

「愛情」總會隨著時間消磨，但還能長久而快樂相處在一起的伴侶，都是能夠一起「好好生活」的伴。

不要因為想要結婚而急著拉一個人走入婚姻，而是要確認兩個人是不是對「婚姻」有共同的想法和期待。不是你婚前忍受一些你不喜歡的事，忍一忍就過了，也不是只要結婚就是感情「成功」、「圓滿」了，硬要跟一個不適合的人走入婚姻，那是坐一輩子的牢啊！

不要為了符合別人的期待、家人的壓力、其他人的觀感，而去選擇一個你內心其實沒那麼想要的對象。別人碎嘴不用負責，你要過的是自己的人生啊！

我認識一些經營婚紗業的朋友，常說，看一對新人來挑婚紗的相處情況，就可以猜中他們婚姻幸不幸福、可以維持多久。有些婚前就不尊重你、處處不耐煩，甚至不畏懼在公開場合給你難看的人，婚結了也辛苦。那麼，就看你要的是什麼了。

結婚絕對不是用來解決任何問題的方法，唯有先解決你自己的問題、你們的問題之後，彼此沒有問題再結婚。改變不了的、讓你不快樂的、充滿懷疑的，或許你的內心正告訴你真正的答案是什麼。

一個對的人，不會讓你的內心有一絲絲的懷疑和不安。

找一個心靈和生活的伴侶
「Life Partner」來共度一生

在婚前，我常在想，我要找一個什麼樣的人結婚呢？在看過了許多不幸福和離異的婚姻故事，我更確定，我要找的是一個心靈伴侶和可以一起生活的對象。

我很晚婚，直到 35 歲才決定要踏入婚姻，也很幸運的在那一年遇見了人生的另一半。我知道，我不是一個很容易隨便嫁的人（不然早就嫁了好幾次，哈），很愛我的人（我不夠愛的），我不想嫁，條件很好的（但我不愛的），我也不想嫁。因為我一直相信，如果我的內心裡沒有很肯定的對象，若還有一絲懷疑，那麼，在沖昏頭下貿然決定的婚姻，未來一定會讓我後悔。

美好的愛情、激情或許像火花，很浪漫、很刺激、很有趣，但是這是戀愛，不一定是婚姻。看著我們的父母或長輩的生活，你會更瞭解，一段婚姻能長久幾十年，禁得起時間的考驗，靠的絕對不是浪漫的愛情或火花。

而是，**兩個人有相似的價值觀、可以一起生活，能夠和對方家庭和睦相處，有共同的興趣或理念，還有更重要的是責任感。這聽起來一點也不浪漫啊！**

★ 結婚後，才是真實人生的開始

很多人以為，結婚就是愛情的 Happy ending 了，但其實錯了，結婚後，才是真實生活的開始。如果婚姻是你逃避問題的方式（或明知道對方哪裡不對，但還是硬著頭皮嫁），那麼，結婚和生子只是讓你接著面對更多的問題。

當你要準備好面對真實的婚姻生活，你才不會在結婚後發現一切跟你想像的

不同。

我問過許多幸福的夫妻，他們的相處模式，得到一個共同的答案是，夫妻要聊得來才能長久。你常看見許多夫妻沒話聊、互相不關心、不想溝通，甚至逃避解決問題，這只會讓婚姻更加速崩壞。

為什麼婚前有話聊，婚後沒話聊呢？其實是兩個人願不願意用心經營、關心對方。不管生活再忙、家務孩子的事情再多，還是要好好的關心對方、參與彼此的生活，當一對「有話聊」的夫妻，才能幸福長久。

而，能夠一起生活的伴侶，「**價值觀**」是非常重要的。不要去找一個價值觀和生活方式與你差異太多的對象。談戀愛或許是有趣，但在一起就不是樂趣了。

★ 找一個 Life Partner，才能共同經營婚姻、一起生活
古代人說的「門當戶對」，其實現在拿來用就是「價值觀的門當戶對」，價值觀就是彼此看待事物的想法，跟生長的環境、個性有關，如果是對方家庭與你差異太多（家庭的觀念和生活方式），未來兩家人的問題會讓你很辛苦（結婚絕對是兩家庭的事，你不可能忽略他的家人）。

所以，找一個跟你在價值觀上相近的人，對很多事情的看法、做法，或對金錢的觀念、家庭或教養的觀念相近的人，未來才能避免許多麻煩和紛爭。

✴ 相愛重要，相處更重要

你曾有體會，彼此很愛對方，但是在一起總是不斷吵架、不愉快，讓你愛得心力交瘁，最後感到疲累。

能在一起長久，能好好「相處」是能一起生活最重要的因素。你跟他在一起笑的時候比較多，還是哭的時候？你感到自在快樂，還是總是覺得很累？

如果兩人的想法、價值觀、目標、生活方式都不同，可能會因為短暫的愛而結合，但因為「瞭解」而分開。

要踏入婚姻，不只是你愛我、我愛你，要考量的地方很多，對成立家庭的想法是不是一致，婚前多溝通、多瞭解，才能知道對方是不是可以一起經營家庭的對象。避免婚後彼此的誤會和不愉快。

尤其是，彼此都要在「準備好」的狀態下，決定要踏入婚姻，你準備好了，而不是慌亂中、沒做好準備的決定，或只是因為有人求婚了或年紀到了遇到壓力不得不嫁。沒有發自內心真的想與他共度一生，只是為了結婚而結，將來都會後悔。

你要真的「心甘情願」的走入婚姻，未來才能減少後悔的機會。

相愛容易相處難，戀愛容易，維持婚姻更難。

結婚不只是找一個愛你的人，而是你心靈和生活的人生伴侶，那麼，你才能牽著他的手長長久久。

P.s.

我稱這樣心靈和生活上的伴侶為「Life Partner」或「Soul mate」，你們要一起共同生活，就是生活上的 Partner，要一起為家庭努力，共同「經營」，婚姻和家庭才能長長久久。

若你愛他，就把「面子」給他

很多人問我感情問題，都會提到一點，就是跟情人、另一半吵架時，兩個人僵持不下，總是吵不完，沒有人要退讓，於是到最後感情都吵散了。

我覺得，在一起難免會吵架都是正常的，情侶、夫妻都會吵架（從來不吵架的或許才有溝通上的問題吧，我有遇過從來沒有吵過架的夫妻，其實是雙方都不想溝通了，最後離婚），重點是，吵架讓你們得到什麼？架吵得好，也是一種良好的溝通，讓兩人知道對方要的是什麼，或有什麼誤會、溝通不良……，如果吵完架，可以讓彼此修正改進，讓感情更好，吵架也沒什麼不好。

但，最怕的是有一種情侶吵架，是因為彼此真的不適合，又硬要彼此拖累、改變對方成為你要的。那麼，如果真的不適合，就不要再吵了，在一起痛苦比快樂多，這不是健康的愛情。

還有一種吵架是，明明感情很好，卻很愛吵，把感情越吵越淡，不懂得情緒管理、EQ 不高，一時衝動說出傷害人自尊、或做出讓你未來後悔的事。很多人卡在這裡，他們覺得一定要爭對錯、輸贏，其實最重要的就是為了自己的「面子」。

很多人明明知道自己理虧，或沒什麼好吵的，但他們卡在「面子」放不下來，所以寧可僵在那裡、冷戰，說氣話傷人，也不願意放下身段來和好。他們明明很愛對方，卻又用錯誤的方式，以為把自己姿態擺得高高的，讓對方來妥協、道歉、討好，這才是愛情中的勝利者。

他們都錯了。因為在愛情裡，你要贏得感情（如果你要這段感情的話），而不是那不重要的對錯、輸贏、面子。

我曾在書中寫過一篇文章「**愛情不必爭輸贏，吵架不如先道歉！**」，文章裡寫到：「*在你愛的男友女友面前，擺架子、愛面子，真的是一件很無聊的事情，說真的，你只是爭『一時之爽』，但是呢？對你們的感情有任何助益嗎？如果你愛他，又何必在他面前裝面子、愛逞強？*

你真的只是贏了面子，輸了裡子。你贏了面子，但有贏了感情嗎？如果你在乎他、你愛他，就把『面子』拿掉吧，對方會真正愛你、尊重你，並不是因為「你比較有面子」，而是你願意為了他不要你的面子。

那麼，有人問，如果我先道歉，但是錯的明明是對方怎麼辦？我的做法是，先道歉，讓對方心情好、緩和彼此情緒和氣氛，然後等到氣頭過了，再與他溝通討論這個事件的是非對錯。免得在氣頭上吵架，對方又惱羞成怒，造成無法挽回的局面。」

我真心的覺得，**如果你真的愛一個人、在乎他的感受，那麼，「面子」真的一點也不重要**，說實際一點，面子值錢嗎？面子能吃嗎？你那麼在意的東西，卻對你、對感情一點也沒幫助，你何必那麼在意？

當然，如果對方真的錯了，你不必低頭或覺得自己要受委屈。如果這段感情真的不值得了、不要了，那麼，面子也更不重要，因為，如果對方對你來說

不重要了，你還要在意那麼多幹嘛？

很多人會執著在「對錯」、「輸贏」上，覺得不管如何，自己一定要是「對」的、「贏」的那一方。當然，你可能真的是「對」的，於情於理你一定穩「贏」，但是，你不是法官開庭、律師接案，你不是在審理一個人、一段關係，而是，你是在經營一段感情。你要考量的不是眼前的對錯輸贏，而是，你要不要這段感情，你要怎麼走下去？如果你把眼光放得長遠一些，你就會覺得執著於對錯輸贏一點也不重要。

就像我曾寫過的文章「**當你吵架時，先想你的目的是什麼？**」，你要嘛就堅持自己對的、他錯的，然後你就離開他。不然就不要爭論眼前的對錯（如果這不是很重要的事情），為了兩個人可以長久而去努力。

但是很多人卻是，又想要爭論對錯輸贏、證明對方是錯的，然後，又想要跟對方在一起。想一想，是不是很矛盾呢？如果你真覺得他錯得離譜，又為什麼要判他刑、要爭論，然後又要跟他在一起？不是自打嘴巴嗎？

我覺得，兩人在一起，不管發生什麼問題，彼此都有錯誤，而且，每個人都會犯錯，只要這個錯誤不嚴重、可以改進，我們都要學會包容、接受，只要相愛、珍惜，彼此一起在錯誤中學習、變得更好，這才是經營感情的方法。

面對另一半的錯誤，不必「理直氣壯」的罵他、羞辱他，而是「**理直氣和**」表達自己的想法，去溝通。我覺得，能夠在生氣的情況下，還能壓抑自己的

情緒化，去退一步想，「理直氣和」的表達自己的不滿，其實是很有智慧，也很有氣度的修養。

我們努力成為一個更成熟的人，不就是要學會控制自己的情緒、當一個 EQ 高一點的人嗎？那麼，我們面對我們所愛的人，不也可以努力當一個「說話不傷人」，更成熟體貼的人？如果我們愛他，我們為什麼要傷害他？

每當我跟另一半有吵架的情況發生，我會努力當一個不要口出惡言、說話傷人的人，我寧可「三思而後行」，開口前多想三秒鐘，你將來一定會感謝自己當時的決定。我也寧可忍住自己的情緒，當下不多說什麼，也不爭吵，之後再調整好自己的態度去溝通。我知道這不容易，但是，既然我想要維持這段婚姻，**我就要學會當一個比較成熟的人，而不是只會罵人、吵鬧的女人，若這樣，我會討厭我自己。**

我愛他，所以我願意把「面子」給他，我願意當下讓他當那個比較「贏」的人，我也不要在氣頭下去爭吵、去說不理智的話。所以我願意「讓」，不去爭那沒有用的「面子」，你真的只是贏了面子，輸了裡子。你一定要想想，贏了面子，有贏了感情嗎？若沒有，我們計較那無用只是讓自己爽的「面子」幹嘛？

愛一個人，所以願意放下身段、姿態，不是因為我們比較弱，而是，我們有更大的氣度和胸懷，去「讓」一個我們愛的人。我們願意把「面子」做給他，維護另一半的面子（我覺得，不在人前批評另一半，是維護他的面子），即

使在爭執時，也把「面子」留給他，不去爭高下。

如果他愛你、珍惜你，他會感謝你給他面子。（就像我另一半，每當我「讓」他，他自己就會感到不好意思跟我道歉）有時候，你退了一步，看起來似乎是「輸」了一些，但是，之後你會「贏」得更多尊重和愛。

你若愛他，就把「面子」給他，你會讓他，你會懂得去當一個比較成熟理智的人。

面子不值錢，感情才有價值。不是嗎？

寬待你愛的人，你會更快樂！

現在的人常容易感到心靈空虛、暴躁易怒，我常會看見很多人尋求宗教和一些團體的慰藉，那一些自身條件還不錯、擁有不錯工作和社會地位的成年人，卻說著自己內心多麼空虛、過得不快樂，他們看似擁有了許多，卻總是不滿足、不滿意自己的生活，我常在想，到底是為什麼？

許多人常說自己的心靈受傷，因為被傷害、被欺負，不管在職場上、生活上或感情上，他們總覺得自己的心受傷了，但是如果大多數的人都受傷，那麼，是誰傷害了他們？最後我的觀察發現，**那些說著自己多痛苦、受傷的人們，他們其實也可能是傷害別人的人。不管是有心或無心。**

人容易放大自己的傷痛，忽視別人的痛苦。很多時候，人們總是彼此傷害，彼此受傷，但是他們都只看到自己的傷口，忽略了自己或許也在別人的傷口灑鹽。

有些平時言語很刻薄的人，遇到別人也刻薄、不善的對待他，他們常覺得委屈、覺得自己受傷，但他們沒想到，或許他也曾這樣傷害過別人。有些人說在感情上被對方傷害、被欺騙，而覺得忿忿不平，但是他們也不完全是誠實的，也不是沒有犯錯。但，大部分的人還是「**嚴以律人，寬以待己**」，只有自己的痛才是痛，別人的痛都無關痛癢。

我看過不少「無法饒恕別人」的人，他們總是以嚴格的是非對錯來衡量別人，完全無法容忍別人犯了一點點的錯誤（即使這個錯誤與他無關），所以他們會到處去指責、批評別人，只要稍微惹到他不開心，他就會罵你罵到你好像

犯了滔天大錯。

我曾見過有的人去餐廳吃飯點菜時，服務生稍微反應慢了點，他就會很不耐煩的指責對方的不專業。我說：「他反應慢了些，或許他不夠聰明，這也沒什麼好生氣的啊！」每個人都不一樣，不是人人都要達得到你的高標準，更何況，他的人生也與你無關，你又何必為了這點小事動怒，壞了自己好心情？

這些人很愛生氣，芝麻大小的事都可以惹他不高興，好像別人生來就是要討好他的。我常不懂，生那些氣對你的生活有什麼幫助，尤其是那些與你人生一點也不相關的路人，你生他們的氣幹嘛？內傷的也是你，不是他啊！

無法饒恕別人犯的一點小錯（我指的是那些不重要、與你無關的小錯），讓你自己不開心，也讓別人不開心，最後你得到了什麼？好像一點好處也沒有吧！如果亂生氣、發脾氣傷害別人、傷了自己，最後一點好處也沒有，你為何要生氣？

但有些人的想法不同，他們的快樂就是建築在別人的痛苦之上，如果他傷害了別人，讓別人痛苦，他就能得到安慰和快樂。但其實這樣的人內心更是脆弱，因為他們自己也禁不起別人的傷害，所以只能用傷害別人來證明自己的「強大」，但事實上，他們一點也不會強大，因為他們不會得到別人的愛和尊敬。而當他越傷害別人，自己會面對的傷害也會更大，我常在想，這不就是冤冤相報的道理嗎？

其實，你從傷害別人中所得到的成就感和快樂，並不會讓你心靈平靜、得到真正踏實的快樂，那都只是一時的。人真正可以得到快樂的，是愛，不是仇恨。傷害只是一種惡性循環，最終你不會因為傷害別人而得到人生的愛與平靜，你只會讓自己活在戰爭中，永無止息，睡不安穩。

他們會覺得，如果今天被傷害了就饒過對方、不反擊，那麼不就是輸了嗎？不會太便宜對方了嗎？為什麼別人傷害我，我不能傷害他？

但換個角度想，如果傷害可以到你手中就停止，其實才是對你人生最有幫助的事。因為你知道，你不必為了這些「未來幾年想起來一點也不重要」的事情浪費生命，也不用為了意氣之爭而壞了心情、傷了格調。最重要的是，你可以變得跟你討厭的人不一樣。

如果你也去傷害別人，你不也變成你最討厭的那一種人了嗎？

如果說快樂有什麼秘訣，我覺得懂得「寬待別人」的人會過得比較快樂，人非完美，如果你也會犯錯，你就不要太苛責別人的錯誤（尤其是那些不太重要的小事），不必為了它傷了自己好心情。如果你也曾受傷、也怕受傷，那麼就不要也把傷害帶給別人。

苛責別人，他不快樂，你也不快樂，不如寬待他人一些，當然，寬待並不是沒有原則，你當然要有自己的原則，會損害你重要利益的你當然要有自己的想法和原則、保護自己。但，如果真的是不重要的人事物，你就不必這麼嚴

格的用自己的標準套用在別人身上吧！

快樂並不是建築在別人的痛苦上，別人活著也不是為了討好你的。

「退一步海闊天空」，我們世界多大，能過得快不快樂，其實就跟我們的態度和心胸有關。

如果你感到心靈空虛、暴躁易怒，與其總是責怪別人，不如好好的反省自己的生活態度，畢竟自己的快樂要自己給，不要總是怪別人不讓你快樂、讓你生氣，其實你要怎麼活著，都是操之在己，不要把自己的喜怒哀樂，和生活重心都寄託在別人身上，不要總要別人為你的憤怒、為你的人生負責！這才是最不負責的。

寬待他人，你會更快樂，讓自己心胸更寬，你才能多付出、多得到更多快樂！

對待你愛的人、在乎的人也是，對他們多寬待一些，少苛責一些，你們相處起來也會更快樂！

不要做一個「掃興」的伴侶！

很多人常問到如何經營感情，在一起長久還能好好的維持一段好的關係。我個人的觀察，覺得不要當一個掃興的伴侶，是一件很重要的事。

什麼是掃興的伴侶呢？譬如說，你的另一半興沖沖的買了個禮物送你，你看了沒有很高興反而還嫌他浪費錢、買錯東西，或生氣的說他幹嘛亂買東西，這就好像澆了對方一桶冷水。你以為他會因為你很節儉、替他省錢而高興，其實錯了，他得不到讚美、感謝和成就感。以後，他可能就不會想送你東西、給你驚喜了。

譬如說，對方帶你去一家他覺得不錯的餐廳，你卻從頭嫌到尾，唸他浪費錢又不懂得挑餐廳，質疑他的品味，結果一頓飯下來，兩個人都不開心。

譬如說，對方好不容易規劃要帶你去旅行，你卻東挑西挑，一下說他訂的飯店不好、他不懂得安排行程、他選的地方你不喜歡去。最後，可能旅行泡湯，也可能兩人旅途中爭吵不斷，一點也不美好。

譬如說，對方熱衷於他的專長和興趣，但你總是打槍，說他哪裡不夠好、做得不夠好，久了他也不再想跟你分享他的興趣了……當然，很多人會說：「我是替他省錢。」、「我是為他著想！」、「我只是真實的表達我的想法啊！」、「他就是不會挑禮物」……你會覺得自己沒有錯，其實對與錯本來就是一體兩面、看你用哪個角度來看。

聰明的做法是，如果你真的不希望他亂花錢、想要替他省錢，你應該是一開

始先感謝他對你的好，對他表達讚美，然後，「事後」，或過一段時間，再用個比較貼心的態度跟他說：「雖然我覺得你對我很好，但我還是希望你省一點，心意到就好，我真的很開心。」，**不要在當下澆他冷水、否定他的付出，讓對方滿懷熱情卻得不到他的預期。**

你可能覺得自己又沒有錯，何必如此。但如果換個角度來想，你認真的為對方準備了什麼驚喜，或貼心的禮物……，為他做了什麼，希望可以讓他開心，但是，他給你的回應卻是澆你一桶冷水，否定你的付出，甚至用很差的態度數落你，你當下的感受會如何？你也一定會很難過吧。

很多人不知不覺變成了一個很容易「掃興」的人，對方對你好，或為你做什麼，換來的只是你的碎念、否定、嫌棄，最後，他得不到肯定，他就會放棄再對你付出了。這時候，如果他的身邊出現了一個會感謝、讚美、肯定他的人，他就很有可能去別人那裡尋求慰藉。這就是第三者會出現的時機。

很多女人說她一輩子都學不會嘴甜，她說這樣不是很假嗎？我笑說，嘴甜並不是要你去當一個假的人、去說虛偽的話。而是，你多說點好聽的話，少說點難聽的話。**多說感謝，多懂得讚美別人，多把你內心的善意和好意說出來，這樣別人才會接收得到你的好。**

雖然很多人會覺得自己個性直，沒有惡意，但是很多時候直來直往並不一定是對方可以接受，你覺得你是好意，但對方不一定這麼覺得。這不是很吃虧嗎？更何況，你自認的「真」可能會傷了別人脆弱的心。就像別人對你講話

太直接，損你、虧你，你也可能會受不了。

做人很多時候就是「將心比心」，多點同理心。如果你不喜歡別人怎麼對你，你也不要這麼對別人。

兩個人在一起，並不是因為在一起久了，就可以不重視對方的感受，或覺得理所當然，他本來就應該要包容你的一切，包括壞脾氣、任性……，或許他可以包容，但時間久了，他可能也會疲憊。最終還是消耗掉你們的感情。有時候，我也忍不住會不小心變成掃興鬼，對另一半說話變得不客氣，或因為自己在忙或趕時間而不小心口氣不好。後來想想，我都會趕快跟對方道歉，撒嬌一下。我常會提醒自己，不能因為在一起久了、結婚了，就覺得一切都無所謂。否則，感情真的會被自己所消磨而自己不知道。

況且，我也不希望自己變成不想變成的那種人，只會唸對方、嫌對方，處處挑剔，愛在言語上佔上風，把另一半貶得一無是處……，這樣到底對自己有什麼好處？對感情有什麼好處？結果，變得自己都不喜歡自己了，成為一點都不可愛的黃臉婆，這是我最害怕的事情。

所以，即使結婚了，我還是覺得要好好經營、維持兩人良好的互動關係，我也常提醒自己，不要當個在言語上會傷人的人，就算當下有什麼不開心、有氣想要發洩，我也會選擇多想三秒鐘，會傷人的話要忍住不要說出口。因為當下如果發洩完了，自己開心，但是換來了兩個人相處的不愉快，怎麼想都是不划算，又何苦拿石頭砸自己腳呢？

經營一段長久的關係，就是靠你的智慧；經營一段快樂的婚姻，就是要學會控制自己的情緒。你會意外的發現，這是良性的互動，當你脾氣越好，對方也會跟你一樣變好，當你選擇不去愛計較、不去抱怨，對方也不會這樣對你。（當然，前提是你遇到對的人）

婚前的我個性是很直率的，我另一半也是很急性子的，婚姻讓我們兩個人都磨練了自己的個性，個性都變好了，脾氣也都變好了。因為我們都知道，要好好的走下去，要擁有快樂的生活，就要彼此各讓步一些，也要多懂得感謝對方、知足珍惜。這樣的日子才會快樂、長久。

如果你不小心變成了愛「掃興」的人，請試著改進這個缺點，多去想對方的好，多去感謝他為你的付出。就算他做得不夠好，達不到你要的，你也是要多鼓勵，少批評。**因為鼓勵才會使人有進步的動力，批評只會澆熄他的熱情。**

我覺得就算結婚了，也要常把「謝謝你」、「對不起」、「麻煩你……」掛在嘴邊，讓對方知道你懂得感謝，也會更想為你付出。

當一個嫌東嫌西的人，並不會讓你顯得比較優秀，也不會讓對方更愛你。當一個講話不好聽的人，只會讓人覺得你難搞，總是喜歡否定別人的人，最後都不會得到肯定。你明明長得很可愛，又何必把自己的個性搞得那麼不可愛呢？

學著不去當個「掃興鬼」，你會更快樂，對方也會更樂於和你在一起。

當你想吵架的時候,
先想你的「目的」是什麼?

在簽書會的時候,有讀者問到,如果另一半總是惹他生氣,兩人總是為了小事吵架,該怎麼辦?

這讓我想到兩人交往久了、或婚姻生活中,常會莫名的為了小事情吵架(真的是小到不能再小的事情,而不是感情不忠這種大問題,小事像是忘了關燈、忘了東西放哪這一類的……),如果口氣差了點、個性急了點,不小心說話重了點,最後就會演變成大事。所以你常可見到在一起久了、結婚的伴侶,總是不停的碎念、抱怨對方那些讓他抓狂的「小事」。

有時候,兩人真的為了那一點小事又快要拌嘴了,要吵起來了,像我遇到這樣的情況,我會先冷靜、不回話。要是過去年輕的我,可能會直率的直接回嘴,但是現在年紀長了,走入婚姻了,個性真的變得不一樣了,我願意先「忍」住自己的一時之氣,就算自己沒有錯,也不急著回嘴或據理力爭。

因為你知道,爭贏了,最後得到的是什麼?是你要花更多時間去癒合兩人的不愉快。我曾寫過,兩人在一起,不要總是吵架要吵贏,吵贏了面子,傷了感情,失了裡子,怎麼樣都不是你要的結果啊!那麼,我們為什麼要那麼愛面子?

我回答那位讀者說:「我會先想,我要的『目的』是什麼,如果我要的目的是感情決裂、分手,或許我就直接吵個沒完沒了。但是,如果我要的目的是,我要這段感情,我希望我們幸福相愛,那麼,我就會為了我要的『目的』去努力。如果我要幸福,我不會去吵這個架。」

當然，並不是吵架一定不好，吵架也是一種溝通的方式。但是，更成熟的我們懂得，如果我們要珍惜一段感情，我們會用更好的方式去吵架、去溝通。甚至，我們可以選擇，不要在氣頭上吵架，不一定要爭執對錯。

很多人，會很執著在「對錯」這件事，覺得自己是正義使者、道德魔人，所以在感情上，容不下對方犯了一點點的小錯誤（我指的錯誤並不是劈腿這類大事，而是像是忘了關燈、忘了你不喝 XX 牌的咖啡這類小事），總是拿著放大鏡看對方哪裡做得不夠好，最後，你不開心、他也不快樂，那麼，對你們的感情也沒有加分啊！

有些人的個性就是比較愛碎碎念，所以總是唸著另一半哪裡做得不好。但他們沒想過的是，他今天可以一直碎念、抱怨著對方，是因為對方對他夠包容、夠大方。如果他也遇到一個像自己一樣愛唸、愛抱怨的人，他自己也會好受嗎？

就像是我常看到朋友在公開場合、網路上批評男友（女友）給大家看，我內心常為他們捏一把冷汗，不知道他們另一半看到時，會是什麼感受？甚至有的情侶夫妻，會直接在 FB 上公然吵架、咒罵給大家看，還要朋友選邊站、一起罵，讓大家尷尬，未來他們和好後，不覺得自己這樣很蠢嗎？

我曾看過不少怨偶就是這樣一天到晚在網路上公然的吵架、叫囂給別人看，甚至把彼此的隱私、難堪的事情都公開，破壞對方名聲，讓看到的人非常的尷尬，想說他們應該是鬧翻了。沒想到他們之後還是繼續交往、在婚姻關係

中，那麼，大家看到他們不會覺得這是一場鬧劇嗎？別人還會祝福你們嗎？當你想要罵對方、抒發你的怨氣、吵架時，真的先想想你要的「目的」是什麼，你要鬧翻、要分手、離婚，好，那你就罵吧，如果你還是希望和好、希望對方愛你、多注意你，那麼，你的做法就是適得其反啊！

想想看，對方的感受，我相信，沒有一個人會喜歡自己愛的人公然批評自己，那不只沒面子，也很傷人。就算錯的是他，但若你要他回到你身邊、你要他愛你，你就更不應該再一直公審他的錯誤啊！你做的只是把他更推走、甚至推向別人身邊。

在你要失去理智時，請好好想想，這一段關係，你要的「目的、結果」是什麼，然後你再多一點理性、智慧去處理你所面對的問題。

這一點，我是非常務實的人，我覺得人要懂得自己要的是什麼，而不是像小孩一樣隨意的發洩自己的情緒又沒想到後果。所以，即使我在氣頭上、想吵架，我也會先冷靜一下，理性的告訴自己不要做會讓自己後悔的事、說讓自己後悔的話。我覺得，能夠控制自己情緒的人，才是成熟的人。

當我忍住不去爭執，不為了吵贏而吵，也不為了回嘴而回，反而得到了更好的結果，對方自覺理虧，也會跟我道歉。所以很多人覺得我脾氣好，其實我要嗆的話一定很嗆，但是，我「選擇」了收回自己的情緒。因為，我願意看得更遠，想得更多，而且，我願意珍惜感情。

很多人總說，他忍不住一時之氣、不想讓，那麼，我真的建議你，給自己說出口前，先想三秒鐘。

如果他是你愛的人，你不會想說出讓你後悔的話傷害他，如果你真的愛他，你會給他面子，你不會用批評他來彰顯自己的好。如果你真的珍惜這段感情，你願意先讓步，你願意吃一點虧，你不想吵贏，你不會意氣用事。

多想幾秒鐘、多想遠一點，你會知道，什麼才是最重要的事。

當你想要幸福，當你遇見一個想要珍惜的人，你就會更成熟、更有智慧。

因為你知道，最重要的還是你能夠好好的跟他在一起。你要幸福、你要快樂，這才是你的「目的」，不是嗎？

幸福不是別人為你付出多少，
而是你願意付出更多

因為結婚後變得喜歡做菜，所以常常在家做菜、學習料理，有的朋友跟我說：「我有朋友跑來問說，你這樣不會太辛苦嗎？」

我聽了大笑：「不會啊！我做得很開心啊！」朋友也笑說：「對啊！我跟他們說你是樂在其中，心甘情願，哪會覺得累！」

人生中有一個人可以讓你去愛、讓你去付出，多麼幸運又幸福啊！

有的朋友看別人的 Facebook 婚後總是秀出老公送的昂貴珠寶，不用做家事、不用工作，沒事跑跑趴，對他們來說，這就是「好命」的女人。我看了會欣賞她們美好的生活，但並不會很羨慕，或想要成為她們。因為，**每個人的人生都不同，快不快樂只有自己知道，只要自己過得開心、覺得幸福就好，何必跟別人比較？**

有人覺得女人婚後還要煮飯，還要做家事，感覺很辛苦，但對我來說，我是非常樂意做這些事，因為能夠為了愛的人付出、分擔，能夠為我們的家庭努力，讓我覺得很有「貢獻感」。雖然買菜、做菜的過程的確辛苦了點，但只要看到對方開心的把我做的菜吃完，露出滿足的表情，這一切，就算辛苦也值得啊！

就像許多父母為了孩子心甘情願的付出，他們就算累也是帶著幸福的笑容，因為，能夠為你所愛的人付出，就是最幸福的事，不是嗎？你怎麼會去計較、去比較？

別人評斷你的生活可能用一些物質的表象來衡量你過得快不快樂，但是，真正的快樂在你的內心裡，你可以裝得出來，但你實實在在的可以知道你是不是「真的」快樂。

很多人覺得，得到越多、付出越少，就是賺到，就是幸福，就是好命。所以享受著別人對你的好，你不用付出多少，這就能快樂，這樣「被愛」的愛情就是幸福。但是，如果你真的經歷過，你會深刻的瞭解，這只是你自己的想像。

甚至有人說，要得到幸福，就是找一個愛你很多的人，而你愛不愛他其實不重要，你只要不討厭他就好了。

但是，這樣「無愛的婚姻」最終還是不會帶給你快樂，還是會破裂，因為，有一天你也會想愛，也想跟一個你真心愛的人在一起。跟一個愛你很多，而你不怎麼愛他的人在一起，看似你佔盡好處、佔了上風、你比較輕鬆，但只接受別人的付出，而自己給不起付出，你只能過得「開心」，而不是發自內心裡真正的快樂。

我也曾遇過總是對我付出，而我沒有很愛對方的經驗，他們也都對我很好、條件很好，但，我無法勉強自己接受只有「被愛」的愛情。那樣的愛，太空虛，也太難說服自己。

而現在踏入了婚姻，我遇到一個讓我非常樂於付出的人，那樣的「踏實感」

才讓我覺得，愛人是一件很美妙、很幸福的事，兩個人彼此相愛，一起為對方付出，不去計較誰多誰少，也互相分擔生活的瑣事，兩個人都願意為對方付出，更讓我覺得，付出越多越幸福。

因為，有能力付出、願意付出，當你更能為對方、為家庭做些什麼時，你才懂得什麼是真正的愛。

很多時候，一些單身的朋友問我怎麼經營一段幸福的關係，我笑說，我也是跌跌撞撞了很久才學到、得到。我覺得很重要的一件事就是，不要迷信「被愛」才是幸福，不要總是想從愛情裡得到別人對你的好，而是，你要捨得付出、懂得回饋，然後，願意為對方放下一點點自己的脾氣和傲慢，願意為他付出多一點。

如果你遇到一個不愛你的人，不珍惜你，你就不要再熱臉貼冷屁股（不適用於錯的人身上）。但，如果你遇到的是愛你、你也愛的人，那麼，你更要珍惜這好不容易得來的緣份。

當你成為一個付出越多，卻不會覺得自己吃虧，反而覺得是自己賺到的人，那就代表，你是真的愛對方。

如果你做什麼都要跟他付出的多寡比較、計較，覺得自己多做了就是虧到了，那麼，你不會在這段關係得到你要的幸福快樂。因為，幸福都被你計較光了，愛情也被你磨損掉了。

能夠有一個人讓你覺得為了愛，再辛苦也不怕，就算弄髒了雙手也要把最好的端給他，讓你知道自己也能這樣的付出，是天大的幸福。就像我以前不敢摸生蝦，更別說是徒手把腸泥挑出來了，但是為了煮蝦子給另一半吃，我突然覺得這一點也沒什麼好怕。

以前不怎麼喜歡的事情，現在為了愛的人，你會發自內心去改變、去嘗試，而甘之如飴，這是多麼美好的事！

對我來說，「好命」不是那些只有得到的人，而是願意付出的人。好命不是只有自己享受，而是，你願意讓對方快樂。

能夠付出的人，才是內心真正富有的人。

真正的幸福，是你能夠給你所愛的人幸福。

幸福不是別人為你付出多少，而是你願意付出更多。

想要幸福，
除了「我願意」，還要「我甘願」！

有一次跟採訪的記者聊天，她問到如果單身也過得很好的人，走入婚姻要有什麼不一樣的想法？我想了想，我說：「**我覺得要走入婚姻一定要『甘願』，有任何一方不是心甘情願結婚的，就算結了婚也很難維持幸福。**」

看到新聞上常有名人外遇，我們也常看到結了婚的還常去夜店玩、四處跑趴、還過得很像「偽單身」的生活的，時有所聞。我常在想，他們為什麼結了婚還總覺得自己可以跟單身一樣，還想跟那些辣妹玩呢？身為他們老婆的女人，難道真的都睜一隻眼、閉一隻眼，甚至根本不知道、不想管嗎？如果跟一個結了婚後，還愛玩的人在一起，這樣真的幸福嗎？朋友笑説，如果兩個都玩、各玩各的，也是一種婚姻模式啊！或許吧。

我在單身的時候，也看過不少已婚的人玩得很凶的，有些男人都是有妻小了，還是成天流連聲色場所、跟年輕女孩打情罵俏、約會搞曖昧，寧可花時間跟那些小女生聊天出去玩，也沒時間陪自己妻小，出去吃飯席間總是有飯局妹，或朋友帶來的小三、辣妹。他們也總是有很多「義正辭嚴」、「不得不」的理由，像是這是朋友的聚會不得不去，為了工作上的關係不得不陪玩，為了人脈……種種的理由，所以要去夜店、酒店陪朋友。

或許，真的工作上被逼不得已去，那也是工作的一環吧？但，其實看多了你會發現，就是一些愛玩的人的聚會，互相找一個名正言順的藉口罷了，如果每個人都是心不甘情不願、被逼著去，那麼，到底誰才是真正想去玩？沒有人願意承認吧？

我真心覺得，什麼人交什麼朋友，什麼人跟什麼樣的人玩在一起。這其實只是物以類聚，很多時候，並不是為了工作，而是自己貪玩。你跟愛玩的人交朋友，自然玩到深處無怨尤。所以觀察一個人，就看他都交往什麼樣的朋友。

有些人覺得結了婚，可以讓另一半收山、收心，但其實，很多人的個性根本不會改變。你常看到很多人用結婚、生子的方式逼迫另一半負責，但，結果他還是死性不改，婚後把你丟在家裡，繼續玩。**想要用婚姻去改變一個人，太難。**

有時你會有疑問，如果真的愛玩、留戀單身的生活，為什麼要結婚？好問題。其實我以前也常有這樣的疑問。如果還留戀那一座森林的、還想在沙灘上多撿幾個貝殼的，為什麼要結婚？

於是，我們會看見許多婚姻出了問題的人，他們其實心性不定，婚姻綁不住他們的心。有的人甚至會認為，他有賺錢養家，就算是有盡到義務，就算「顧家」。那麼他在外拈花惹草也沒什麼。有些人會在 FB 上放愛妻愛小孩的照片，事實上晚上都帶小三出去赴宴，一點也不覺得有什麼。有些人願意走入婚姻，給對方一個交代、傳宗接代，但並不代表他真的「甘願」結婚。

所以，要擁有長遠又幸福的婚姻，「甘願」是一件很重要的事。甘願不只是願意，而是，你懂得為了你愛的人、愛你的人，放棄那一座森林、花花世界。你「甘願」從此跟一個人在一起，拒絕那些可有可無的誘惑。你「甘願」把自己付出、奉獻給婚姻，凡事都以家庭為思考中心。你「甘願」讓自己失去

單身時的「身價」，讓家庭的價值擺在你之前。

你「甘願」拒絕別的女人的誘惑、別的男人的奉承，只為了不讓家裡的另一半擔心。你「甘願」把你的時間和人生都付出給家人，你放下的開快車的夢想，小心翼翼的推著你的嬰兒車、固定兒童安全座椅，你願意讓頭髮沾染了油煙、做家事、蹲在低上刷地板，只為了給家庭更舒適的生活。

如果你來留戀單身、戀棧著美好身價的單身人生，那麼，請不要輕易的走入婚姻，害了別人，還有你的家人。

也不要以為強迫一個還沒有準備好的人走入婚姻，他就會真心甘願。因為結婚並不能解決問題，沒有「甘願」的婚姻，只會為你們帶來更多的問題。

當然你也會說，當初看起來很穩定的人，後來卻變了。或許吧，婚姻這麼長遠的關係，也很有可能發生其他的變化，這也是因為一段關係必須要努力經營，並不是結了婚什麼都不會變。但是我相信，抱著越「甘願」的堅定心態去結婚的人，他們越能禁得起考驗和磨練。如果有一方不甘願，或有一方放棄了，或許，感情也變得更難維持。

兩個人想要好好在一起，你想要得到什麼，勢必會失去一點什麼。不可能永遠都是你佔上風、你佔便宜，都是別人對你好、別人付出比較多。我覺得維持好一段感情關係，真的彼此要「互相」，如果別人對你好，你也要相對等、或付出更多。太過愛計較、愛比較，真的很難會幸福。

**就像我上一本書《相信你值得幸福》裡面寫到的，幸福是給做好準備的人。
做好什麼準備呢？**首先你要捨得放掉那些生活中不那麼重要的人事物，懂得
「斷、捨、離」，捨得放手、放掉那些可有可無、不夠愛你、你不夠愛的人。
即便他們會帶給你短暫的快樂或方便、好處，那也不是真正屬於你的。屬於
你的，別人奪不走，不是你的，你強留也沒用。

想要得到幸福，你要甘願為了這一棵樹放棄一座森林。即使那一座巨大的森
林有許多美麗的、耀眼的、難得的樹木，你還是要懂得珍惜你所擁有的，因
為，你所選擇的就是最好的。

想要得到幸福，你要放下你的公主病、少爺病，因為真正的幸福並不是永遠
都是別人對你好，而是你在付出的時候，感覺到自己的滿足和快樂。並不是
不去承認一段感情、偽單身，讓你有更多機會，就會更容易找到更好的或變
得更幸福，而是，你寧可放棄那些「更多的機會」，只為了好好珍惜你愛的、
愛你的人。

因為你深深的瞭解，你若愛一個人，你一點也捨不得他擔心、他難過。相對
的，對方也是。

想要幸福，除了「我願意」還要「我甘願」！

祝福每一個人，都找到那個「我甘願」的人，然後，好好的一生都「甘願」
下去吧！

比找到愛情更重要的事是，
我們要成為更好的自己

跟幾個結婚生子的姊妹們聊天，聊到一路從單身、感情挫折中走過來，到找到人生伴侶，她們都笑說：「以前遇到不好的都沒關係，最後一個好最重要！」

朋友說，以前曾遇過不適合自己的，卻硬要勉強自己改變原本的個性，去配合對方，後來發現這樣實在太累，為何不找一個喜歡真正自己的人呢？有的人遇到跟自己想法、價值觀，甚至生活習慣完全不同的人，但為了愛他，說服自己去接受那些無法接受的事情，但是，最終還是會失敗。

因為，勉強自己得來的愛，本來就不是真的，最後回頭看，失敗，其實是好事。否則，在一起痛苦會更久。

說到自己曾遇到「錯的人」，每個人都可以講好多血淋淋的例子，笑說當時自己也不知道怎麼會喜歡對方，到底是自己把自己戳瞎？還是頭腦不清醒、鬼打牆走不出來？每一個人，都曾遇過那段迷失的自己。

曾經，我們也會去愛那些不愛我們的人，我們以為愛情就是要讓自己受苦，才能得到。後來再看，其實真正的愛根本不會讓我們受苦，而，那些我們自以為苦中作樂、痛苦能換來的，都不是真正的愛。我們都曾為了愛情失去自信，我們以為自己不夠好、不夠配得上對方的愛，我們以為別人比較好，活在三角戀，跟其他情敵、假想敵比較中，處處覺得自己不夠好。但是，我們最終會明白，對方愛不愛你，跟你是不是比別人好、你好不好，一點關係也沒有。不愛你的人，才會讓你要跟別人比較。

我們都曾經歷為了愛情失去自信，然後再重新找回自信的辛苦過程。因為我們都希望對方告訴我們，我們有多好，而忘了自己告訴自己：「我真的很好。」我們把肯定的權力都交給了對方，而失去了肯定自我的能力。

我們也曾以為，要當一個凡事配合、百依百順的愛人，就能得到愛情。所以犧牲自己、辛苦配合，最後發現他一點也不感謝、不在乎。我們花了太多時間在討好對方，甚至對方身邊的人，但是回過頭來看，我們不曾討好過自己。

我們也曾經自欺欺人，當一個疑神疑鬼的人，我們明知道對方劈腿了，還不願意離開。我們一邊苦苦的蒐集證據，又一邊自我安慰是自己想太多。我們討厭對方欺騙，但其實我們更討厭欺騙自己。於是，我們討厭自己。

我們也曾跟那些把我們當備胎、不可能有未來的人蹉跎時間，我們也會因為怕寂寞，跟自己不怎麼愛的人浪費生命，我們也會迷失自己，在愛情的謊言裡，靠著謊言過活。最終，我們失敗了、失去了，我們以為會痛苦懊悔，但是，最後你回頭看，失去都是好事。

尋找真愛的過程，我們都不斷的在試煉自己。我們尋找自己、瞭解自己，也學會了變得更聰明、更堅強，更懂得愛自己。

有一天，當你找到了自己，找到了真愛。你會感謝自己曾經歷過的過程。甚至，感謝那些不愛你、你不愛的人。

想一想，在找尋幸福的路上，跌倒受傷都只是「過程」，那些壞的、不好的、不愛你的、不適合你的、傷你的……，最後你回頭看，那都是學習。我們不是生來就懂愛，我們都是不斷的在學習愛。

最重要的是，我們在那過程中，成為了更好的自己。

我們一直以為自己總是在尋找愛，其實，我們尋找的是自己。你會明瞭，當你越瞭解自己、越珍惜自己、愛自己，你才會找到瞭解你、珍惜你，愛你的人。

看著許多好朋友們一路走來，找到自己的另一半、擁有家庭，或放掉不適合自己的人，勇敢的擁抱更好的人生。我想，最重要的就是，我們都不曾放棄自己。無論在任何最苦、最迷惘的時候，我們都不能放棄自己。

當我們成為更好的人，我們才會遇見更好的他。

重要的不是愛情，而是你自己。

比找到愛情更重要的事是，我們都要成為更好的自己。

最美好的愛情，就是做最快樂的自己。

 結婚後，脾氣變得更好的秘密

男女交往到結婚，我想任何一對情侶都會經歷許多爭吵的過程，雖然沒有人喜歡吵架，但吵架也是一種認識彼此、溝通的方式。**但吵架要吵得好，得到你要的結果，還是兩人把感情給「吵」壞了？真的都是一種相處和生活的智慧。**

有些人在交往時就常吵架，有人在結婚前很容易吵，因為婚禮許多繁瑣的事情容易讓兩人或兩家庭意見不同調，很容易吵。結婚後呢，許多人也是過著吵吵鬧鬧、床頭吵床尾和的日子。常吵架也不好，不吵架的也不代表沒有問題（有的伴侶是直接放棄溝通），尤其結婚後，生活的大小瑣事、金錢觀念，甚至親子、教養觀念，都會有意見不合的時候，許多人說，婚後要吵的事情都不見得跟感情有關，都是為了生活的瑣事。

從現在結婚後再回頭看，我反而覺得，我婚前比較容易和另一半吵，年輕的時候，我脾氣也比現在衝很多。但婚後，我們兩人反而一起脾氣變好、很少會有吵架的情況。如果認真要比較起來，我的另一半脾氣比我差一些（其實他是個性急，不是脾氣差），連我的婆婆都誇我脾氣好（嘿嘿！我有做好口碑），所以他婚後反而從一個脾氣比較急的人，改變了許多，變成了脾氣好的人。這個過程，我想也蠻值得跟讀者分享的。怎樣讓你的另一半脾氣變好？

首先，你要當一個讓對方「吵不起來」的人，想吵架的人如果遇到一個也很容易吵起來的人，就像火遇上了汽油，一發不可收拾。

所以你要先忍住那一股氣，收回去，當下不要先急著反駁，你要比他「冷靜」。接著呢，你的「身段要低」一些，因為你一定要記住，就算吵贏了，贏了面子（面子是要給誰看啊！）輸了裡子（輸了感情是你要的結果嗎？）何必呢？

如果你自己有不對的地方，你要先說「對不起」先承認錯誤，不要死命的愛面子，堅持自己是對的。

兩個人在爭對錯，結果就算你對了，還是輸了感情何必？他又不會因為你比較「對」而比較愛你。就算他有錯，男人當下不想承認，那麼，你就給他個台階下，事後，他想想自己好像才理虧，他會跟你道歉。（當然，這僅限於有良知的人）

還有，氣頭上千萬不要說氣話、傷害別人自尊，說了會收不回來的話。因為你一時氣話，對方可能記一輩子，話說出來會傷人，請不要隨意的傷害你愛的人。

有氣話，就先忍住，不要說出來，培養自己的好修養。不爭一時之氣，事後你會感謝自己智慧的決定。伸手不打笑臉人，所以學會更有「幽默感」吧！就算在生氣時，你也可以發揮一些生活的幽默感，說一些自娛娛人的話：「我就是笨，所以才需要你嘛！」、「我就是愛你才在乎你嘛！」。學會「示弱」，甚至裝一下可愛、撒嬌討對方開心，化解一下尷尬生氣的氣氛。（這不限女生，男女皆宜啊！）

示弱不代表自己是理虧，而是你願意為了維護感情而忍讓一下，對方（如果有良心的話）也會覺得自己不應該欺負你、讓你傷心。

女人最大的武器就是「撒嬌」，也是男人最大的弱點，怎麼能不好好發揮一下呢！

如果對方心情不好，你就撒嬌一下，讓他想吵也吵不起來。（你可以先撒嬌讓氣氛變緩和，事後再趁兩人心情好的時候好好的理性溝通，避開情緒化的地雷區，不用情緒來溝通、解決事情）

還有最重要的是，不要冷戰、不要生悶氣，也不要生隔夜氣。如果你真的心情不好，就找一件事情來做，轉移自己的注意力（上網買東西？哈！），女人要知道，生氣是會讓自己老化、有皺紋、表情紋，所以要笑才會幸福啊！

你看，你都做了這麼多，你的另一半就算脾氣再不好，也會變好。因為他看的出來你為這段關係所做的努力，他也知道你讓他那麼多，他也會在內心裡感謝你，事後跟你道歉，這是一種良性的互動。（當然這還是僅限於有良知的人）

女人的柔軟可以讓男人學會更溫柔的對你。不只是女方，兩個人相處都是互相，只要一方願意努力、願意變好，也會感染、影響另一半。你不可能總是不快樂然後要別人讓你開心，你也要從自己做起，讓自己能給對方快樂，而不是無條件要對方總是滿足你的需求。

結婚後，還是可以讓彼此的脾氣變得更好，因為要想想再怎麼樣不愉快，兩個人還是在一個屋簷下，還是未來的老伴，傷了對方，對自己也沒好處。（對自己沒有好處是個重點）既然決定要結婚、要相守到老，那麼，吵架消耗彼此的感情是最不明智的決定了。兩個人要好好溝通，溫柔的溝通。**當你脾氣變好，對方也會跟著變好。**

對方再怎麼樣不好，也是你自己選的，如果你選擇要跟他相愛、走一生，那麼你就要好好的經營，如果對方真的那麼差，你也可以選擇不要吧。無論如何，沒有人逼你一定要跟他在一起，既然你選擇了，就好好尊重自己的選擇，努力去維護它，與其一直批評對方不好，不如想辦法讓彼此的關係更好。
還有，我個人覺得，吵架是兩個人的事，不要涉及別人，拉人來一起評論、要大家公評、選邊站（朋友真的一點也不想淌這個渾水啊，兩邊不是人），也最好不要在網路上公開的吵給大家看。如果大吵完又和好，那選邊站或跟你一起公開罵對方的，他們不也很尷尬嗎？兩個人的事就不要波及別人，否則只會把事情越弄越複雜。

凡事要爭輸贏、爭對錯、爭一口氣，只會傷害彼此的感情。當一個更成熟、更有智慧的人，不是你總是吵贏，而是你懂得讓，懂得不爭，當那個脾氣比較好的人，因為你愛他，所以你追求的不是你個人的贏，而是感情的雙贏。

尤其結婚後，兩個人就是一家人，就是生命共同體。這麼一想，更沒什麼好吵、好計較，兩個人要一起變得更好、一起同心，更幸福快樂，才是你進入婚姻、成立家庭的初衷。**畢竟，家是講「情」的地方，不是講「理」的地方。**不是嗎？

如何培養一個會做家事的老公？

我常看到許多人妻在網路上抱怨自己的另一半在家裡像是一個無法移動的大型家具，不但不懂得分擔家事，而且太太在忙的時候，還是自己滑手機、看電視，甚至把太太對家庭的付出、蠟燭兩頭燒當作理所當然。讓許多人妻們一抱怨起老公，就停不下來，同仇敵愾。

其實，現在時代不同了，以前的家庭模式比較男主外、女主內，男人負責賺錢，女人負責家務、帶小孩。但是現在大部分都是雙薪家庭，女人也要工作，要一起分擔經濟壓力，但是回到家裡，還是回歸到「傳統模式」，家事、孩子大部分都是女人的責任義務。

甚至也有家庭主婦、全職媽媽，因為照顧小孩而選擇暫時放下工作，但並不一定能得到另一半的體貼和尊重，覺得是應該的，帶小孩很輕鬆，但他們不知道，女人為了家庭付出、帶小孩，其實以行情來算薪資是很高的，只是女人不一定會支薪，只能把默默付出當作理所當然。還有的媽媽覺得自己像是「假性單親媽媽」，似乎什麼事情都落到自己頭上，另一半不會幫忙。（**其實，用幫忙兩個字是錯的，這是兩人應該一起負擔的責任，並不是只有女人，所以男人不能用「幫忙」來說，帶自己的小孩不是幫忙，帶別人的才是幫忙**）

我常看到這方面的討論，感受到許多人妻的怨言和無奈，但是，轉念一想，為什麼你的老公會變成這樣呢？是他結婚前就是個不貼心的自私鬼嗎？（那麼你為何要嫁給他？）還是他結了婚才變成這樣？那麼，我們人妻們是不是也要好好想想、檢討，到底問題是出在哪裡？為什麼有的男人會做家事？你家的男人就不會？

回到最源頭，其實，在一開始談戀愛的時候，你就要看清楚他是不是一個貼心的伴侶，還是一個不為你著想的人，他在家裡是不是公子哥、被寵壞的媽寶，或是生活習慣很差讓你無法忍受，不要以為在一起了、結婚了，他就會為你改變，很難！通常都是你去遷就、配合、忍受他。

所以**慎選對象很重要**，很多時候戀愛你可以忍受他的那些缺點，但是結婚了、真正生活在一起，那些缺點會無止盡的放大，讓你無法忍受。因為沒有了粉紅色的泡泡，你們要面對的就是真實人生，婚前他亂丟髒衣服，你覺得他很帥氣；他不換新床單，你覺得他節儉；他衣服不愛洗，你以為他很環保；他常不丟垃圾，你覺得他一定太忙了所以每次忘記…，最後結婚了，辛苦的是你自己。更何況，你已經包容遷就他那麼久了，你怎麼可能突然要他改變？他會覺得你早就接受這樣的他了。

我個人有一個觀察對方會不會做家事、分擔家務的方法，可以給你們參考，就是你可以跟他一起去參加烤肉、露營或一些需要幫忙很多勞務、群體合作的活動（不是單純去餐廳吃飯約會就好），如果他都是不主動幫忙、袖手旁觀，甚至覺得別人都要「服務」他，懶得付出，那麼，你大概可以知道他以後也是這樣對你。

還有，**你不要因為想要跟一個男人在一起，就讓自己「做太多」或「做得不像自己」。**

「做太多」就是為了想得到他的好感，一頭熱、一股腦的自己付出太多，對

方不給你同等的回報，變成你自己辛苦自己累。很多女人有一種「母愛」的情結，對男友、老公像是媽媽對小孩一樣的照顧、包容，甚至予取予求，自己跑去幫他家大掃除、去幫他洗衣服，去他家當傭人，當他的司機或當他的提款機，你以為這樣他會更愛你，但事實上你可能只遇到利用你的人，或不夠珍惜你。最後你覺得不公平、不甘心，但是，人家也沒叫你做那麼多啊？是你自己愛做的。

「做得不像自己」就是你去扮演一個根本不是你的角色，只為了討對方歡心、討愛。明明你個性就不是一個愛做家事的人，但你故意演得很賢慧，你不是一個文靜柔弱女，卻要扮演林黛玉。你不喜歡的事情，卻為了要討好對方去做，這真的不是愛情，你只是在自虐。你不可能演太久，你內心也不會快樂，無法好好做自己的人，得到的愛情也是虛無的。因為，他愛的也不是真正的你啊！**你應該去找個愛「真實的你」的人，而不是要你做角色扮演的人。**

如果兩個人要論及婚姻，我覺得，除了你關心那些婚紗婚禮喜餅的瑣事之外，你更應該跟對方好好談談的是你們未來生活的方式和責任義務。畢竟，婚禮只有一天，婚姻是一輩子。並不是辦了一場美好的婚姻，以後的婚姻之路就會一樣美好。**「生活」才是最重要的，婚姻幸不幸福，是你們兩個人能好好的一起相處、生活，對於生活的目標和規劃有共識。你們才能好好走下去。**

所以，我真的建議你們先把未來一起生活的方式討論清楚，工作規劃、住哪

裡（小家庭自己租房購屋都可，不要跟公婆住對大家的感情比較好，該堅持的一定要堅持）、兩方家庭的相處方式、財務關係、家事分配、生小孩的規劃……，不要什麼都不瞭解、不談，然後結了婚出現一堆問題，沒有共識，最後夫妻倆吵架的問題都是這些生活、家人的瑣事，就算感情再好，也會被這些事情所消磨。

家事的分配，就應該在結婚前（不管你們婚前有沒有共同生活在一起），就要討論好。你要知道的一件事就是，如果今天你願意去做這件家事，未來這件事就是你的責任。若你一開始一肩攬起所有的家務，未來，你很難叫得動對方跟你一起分擔。所以我要結婚時要開始一起住，我就跟另一半講好了家事大約的分配，大家各自做擅長的事，譬如說他很喜歡洗衣服、晾衣服，這就是他主要的責任，我喜歡掃地、煮飯，那這大概就是我的事。我們彼此可以互相幫忙，但是最重要的是，家是兩個人的，都要一起為家庭付出為大原則。很多事情你要先說好、討論好，這樣大家以後做家事才不會有怨言。

但是，如果真的在一起、結婚了，生米煮成熟飯了，又沒有溝通好家務分配，另一半又不會主動幫忙（我真的很不愛用「幫忙」兩個字，家是兩個人的 OK ？），你要怎樣讓另一半做家事呢？

我個人的建議是，**鼓勵取代責備，讚美取代抱怨。**

沒有人天生喜歡做家事，也沒有人是欠你的。如果對方辛苦的做家事、為家庭付出，你要懷抱的是感謝、知足的心，而不是理所當然，覺得他是欠你的。

所以每當我另一半在做家事時，我都會甜甜的跟他說：「老公！你晾衣服的姿勢好帥喔！」、「老公辛苦了，謝謝你！」要把內心的感謝說出來，對方聽了也開心，辛苦也值得。懂得讚美另一半，你才會過得幸福，讚美又不用錢，多說一點有什麼關係？何必吝嗇？每個人都喜歡聽到另一半的讚美和感謝！

就像我每次在洗碗，洗得有點煩時，或我煮飯，煮得滿身大汗時，另一半也會跟我說：「老婆辛苦了！」。你知道，聽到這一句話，頓時的煩躁和辛苦都消失了，心情變好，做家事也做得更心甘情願，心情更愉快。所以說，一句讚美、一句感謝的能量有多強，不是嗎？

如果你在忙，需要對方一起協助你，也不用要命令的方式，而是用柔軟一點的方式跟他說：「如果你可以幫忙我弄，那真的太好了！」、「我好需要你的幫忙，可以幫幫我嗎？」、「你比較聰明，可以幫我做嗎？」這是一種示弱的方式（懂得適時的示弱才是聰明人啊！），對方也會很「英勇」的來幫忙你，你得到了幫助，他得到了成就感，這不是雙贏嗎？最後再給他一個吻，保證他英雄感上身，下回絕對主動幫忙你做家事。

與其總是碎碎唸另一半不做什麼，抱怨他、責怪他，甚至否定他，你可以換一個方式和態度，去軟性的說服他做些什麼。沒有人喜歡聽到另一半的碎唸和抱怨，如果你總是以負面情緒對待他，他哪會開心呢？人都是互相，你想聽到什麼話，就那樣對另一半說。有時候不是他不願意幫忙，而是你不給他機會、不懂得抓住他的心。

對於家事，女人也不要傻傻的什麼事情都要自己來，不給另一半表現的機會，或他做得不好就否定他、嫌他。這麼做，只會把他越趕越遠，他得不到肯定，以後也不會想做了。你要給他機會去做，給他鼓勵，他就會學著做。當你什麼都自己做好了，誰又要幫你呢？

培養一個會做家事的老公，在於老婆的智慧。（當然，選擇一個「對」的伴侶，也是智慧）

「老公～你……超帥的！」、「老公～謝謝你幫我……」、「老公～辛苦了！我沒有你不行！」把這三句話好好的練到熟能生巧，又甜又真誠，保證你會得到一個「覺得自己做家事超帥氣」的老公。

事不宜遲，馬上開始練習吧！

結婚要做好最壞的打算，最好的準備

一直以來許多身邊已婚的朋友或讀者會跟我分享他們的婚姻問題，自從我踏入婚姻後，也對婚姻有更多深入的觀察和省思，有趣的是，許多單身的朋友想踏入婚姻，而也不少深陷在不愉快婚姻的人想走出婚姻（或走不出來），在離婚率這麼高的時代，許多人總問到底要怎樣才能擁有幸福婚姻？

我覺得，要踏入婚姻前，要做好「**最壞的打算、最好的準備**」，因為婚姻幸福不只是彼此相愛（當然這是最基本的），而是兩個人能不能共同「經營」婚姻生活。因為，婚姻不是愛情的終點，而是現實生活的起點，婚姻，不是只靠愛情餵養，不是只當一天美美的新娘，或辦一場浪漫的婚姻，而是，你們對於未來生活有沒有共識、目標。

這麼說起來好像很不浪漫，但是，**婚前抱著太過浪漫想法的人，婚後才會發現，婚姻的現實讓你無所適從、跟你想像的不同。**

★ 最好的準備，你們都準備好了嗎？

說到最好的準備，兩個人是不是「準備好」要結婚很重要，因為，有不少人是在沒有準備好的狀態下貿然結婚，或將就結婚。所以才會發生結婚後，還無法負起責任、還想玩、心還不定、還沒有家庭觀念……等等問題。

我覺得最好不要用「逼婚」的方式去強迫對方踏入婚姻，因為看過許多逼婚下的婚姻，縱使有了孩子（奉子成婚），但對方根本還沒準備好要負責（或根本不想負責），結婚後孩子變成其中一個人的責任，許多婚姻在「沒有準備好」的狀態下結婚，最後也會失敗，甚至苦了自己和孩子。

「準備好」是一種心理狀態，確定自己要進入婚姻，要對一段彼此的人生負責。任何一個人還眷戀著單身的美好，還想著外面的一座森林，即使走入婚姻，還是不會忠於婚姻。

許多人會重視對方是不是「準備好」的人，但其實最重要的還是，你自己是不是準備好了？許多人是自己都還沒準備好，只是想要結婚，想要終結單身、找個伴，但無法面對婚後真實的生活或現實問題，尤其是結婚後，不是兩個人，而是兩個家庭的問題，婚前沒有多瞭解對方的家庭，婚後就會辛苦。

★ 婚前談清楚婚姻的責任義務
許多人抱怨婚後才發現自己要做的事比婚前多，要住公婆家、要犧牲自己的工作、要做太多家事（或發現對方不做家事）、金錢觀念出現摩擦、回娘家被限制、或要做很多自己原本不預期的事……，很多你婚後發現不合理的待遇和不能接受的事情，其實是你們婚前都沒有談清楚，以為結了婚那些問題都會順其自然的解決，或不必去面對。

但錯了！你越不去談清楚，以後就更難談，也被迫接受自己不想接受的待遇。

經營婚姻其實靠的不只是「愛情」（很重要所以要再強調），而是你們決定怎麼去經營。婚姻也很像兩人經營一家公司，要怎麼分工、要怎麼負責，都是要先有共識再去決定。如果你真的不能接受哪些不合理的事（譬如說要幫他家人還債之類、一定要生幾個小孩、幾個兒子），那麼婚前就要說清楚，用「溫柔而堅定」的態度表達你的立場。

你要知道，結婚很容易，但結一個對的婚、幸福的婚姻，不容易。如果你覺得兩人的想法理念和對生活的規劃都不同，沒有妥協或溝通的餘地，那麼，你硬要結這個婚，你們也不會快樂。

★ 最壞的打算，如果他不要你了怎麼辦？

我不是悲觀的人，相對來說，我很樂觀。但我一定居安思危，做任何事情先把最糟的情況想過一遍，因為做好最壞的打算，所以才能抱著更樂觀豁達的心情，去面對接下來的挑戰。

如果說台灣的離婚率將近一半，也就是說你的婚姻也會有一半的機會失敗，感情好時，你不會想太多（就像那些最後離婚的人，他們在結婚時都相信永遠），但如果婚姻出現問題了，你怎麼辦？最糟的是，如果他外遇了、他不要你了，你該怎麼辦？

往正面的方向想，因為感情並不一定保證不會變，為了要維持感情，所以婚後也要努力「經營」，而不是擺爛，覺得對方一定要永遠愛我們。

新婚時，我們就像搬到了一個乾淨漂亮的新房子，但如果你不去整理（彼此的問題）、不去打掃（維持關係），就有可能來了蟑螂螞蟻（小三小王），甚至房子破損了。所以婚姻是時時刻刻都要努力去維繫夫妻感情的。

往反面的方向想，如果最後對方真的不愛我們了，要離開了，我們要怎麼打算？如果你有小孩，你需要爭取小孩監護權，你要做什麼才會對你有利？讓

自己成為能得到孩子監護權的人，這在平常的時候你就要做好打算，所以你要有撫養的能力。如果你婚後都靠另一半賺錢給你，如果你失去金援了，又不容易找到工作怎麼養活你自己和孩子？

所以你在婚姻裡不能失去養活自己的能力，你要經濟獨立，你要顧好自己的錢，你要讓自己成為「沒有誰都能活得下去、活得漂亮」的人。

✽ 經濟獨立你才能當自己人生的主人

我的女生朋友說：「**我可以被騙感情、被騙身體，但不能被騙錢。**」聽了這句話，我忍不住笑了，是啊！不管有沒有感情或婚姻，都要有自己賺錢的能力，可以讓你養活自己。就算你沒有了婚姻，你還是不會因為沒有了誰而活不下去。

許多人認為談錢傷感情，但既然要結婚了，彼此的財務規劃、金錢觀念、價值觀，和對家庭支出的分配，本來就應該要有共識，這樣未來婚姻生活才能減少為錢吵架的可能。（許多婚姻都不是為感情吵架，而是為錢吵架）如果經營婚姻如同經營公司，那麼公司的財務越有概念和規劃，公司才不會倒，不是嗎？

結婚是浪漫的衝動，是美好的愛情，但也是兩人對未來人生的「理性」行為，愛情並不能解決生活所有的問題，甚至，現實生活的問題最後會磨損了愛情。做好了最好的準備，**也做最壞的打算，不管有沒有婚姻，有沒有愛情，你都不會失去自己。**

不是因為幸福才笑，
是笑了才會幸福

很多人很害怕單身，覺得沒有伴很可憐，也很羨慕別人有男（女）朋友，羨慕結了婚的人…，他們常會覺得自己不快樂、人生不順遂就是因為沒有伴，沒有伴就不幸福，覺得自己不幸福，就過得不開心、不快樂。

其實，**幸福這件事並不是在於有沒有對象，而是你自己。** 你可以讓自己過得快樂，讓自己活得幸福，幸福可以是你熱愛你的工作、你實現你的夢想、你享受了一趟旅行、你享用了一頓美食、你有好朋友的支持、你有家人對你無私的愛，有太多東西可以讓你覺得「幸福」了，又何必只拘泥於「愛情」呢？

難道，只有愛情才能讓你覺得快樂幸福？沒有人愛你什麼都不是？那麼，在愛情裡的人真的都幸福嗎？結了婚就保證幸福嗎？真的不一定啊！

我覺得，幸福不只是愛情，而是去做一個你喜歡的自己。

我在單身的時候，說實在的，我也覺得我很幸福，因為我有太多可以讓我覺得幸福的人事物環繞在我的生命。**我有能力讓自己過得幸福，我能給自己快樂。單身也有單身的快樂，有伴也有不同的快樂，人在每個當下，都要喜歡自己、懂得接受現在的生活。**

幸福真的沒有你想的難，而是比你想的簡單。因為太多簡單的東西可以讓你得到單純的幸福了，懂得知足的人，能夠為一件小事而開心的人，而不為一件小事不開心，當然會覺得自己比較幸福。

幸福不是一種比較級，別人的人生跟你不同，你覺得他幸福，或許他才覺得你快樂呢。就像有句話說，婚姻就像一座城牆，外面的人想跳進來，裡面的人想跳出去。你看到的只是你自己想看到的，或別人選擇性給你看到的，並不一定是別人生活的全貌。人往往看別人有的，自己沒有的，而覺得自己不幸。但老實說，要你去過對方一天的人生，或許你就不會有這樣的想法了。

每個人都有他自己的幸福和辛苦之處，你見到別人的人生幸福順遂，那也是他曾跌倒後，努力而來的。沒有一種幸福是理所當然，或永恆不變，而是你要花時間、精力、智慧去經營，別人為了他自己的幸福所做的努力，或許你看不見。**與其羨慕或嫉妒別人，不如轉化自己的心態，去學習別人的優點，讓自己變得更好，才能朝自己要的幸福人生邁進。**

我很喜歡去問那些我覺得很值得學習的人。去問他們對工作、生活的想法態度，經營關係的哲學，還有面對人生的種種智慧。還有，我也很喜歡多多涉獵不同的書籍，學習東西。多跟別人學習，不是要你跟對方一樣，而是在參考中，找到自己的路，讓自己更聰明有智慧、更懂得自己要什麼。

很多人會覺得，要得到所謂的「幸福」（愛情或婚姻）才是種肯定、才會快樂，那是因為他們都把自己的快樂寄託在別人、或別人的眼光期望身上，所以要有人愛才快樂。這樣的人，如果有一天別人不愛他了，他便覺得自己人生毀了、失去快樂和依靠了。但是，靠別人所得到的，終究不屬於自己，終究別人想拿走就拿走，你如果只仰賴別人給你愛、給你快樂，你終究只是個貧窮的人。何不，讓自己內心富足，讓自己擁有自信快樂呢？

我很喜歡一句話：「**不是因為幸福才笑，是笑了，才會幸福。**」

不是因為得到了愛情或婚姻才覺得自己幸福快樂，而是，在你一個人的時候，你就覺得自己內心充滿了滿滿的愛，對自己的愛，對身邊人的愛。你不自怨自艾，也不自我否定，而是接受自己，喜歡自己，讓自己保持最好的狀態，這樣的你，才會讓人更加喜愛！

幸福不是總是等著別人給你，不是一種「得到」。而是，你要先付出，先給別人，你願意給，別人也才會回報你。你給得起自己的，自然不怕別人不會給你。

你要先笑了，才會吸引更多愛與幸福來到你的生命。我常會跟身邊的朋友說，不要當一個每天抱怨不停、批評別人，讓人覺得難以親近、充滿負能量的人。你的抱怨只會吸引更多讓你抱怨的事情來到你生命，於是你永遠停止不了抱怨，這是一種負能量的惡循環。就算幸運之神經過你身邊，也會被你趕跑啊！

你多看看身邊那些成功、幸福的人們，他們多半不會傳遞負能量，不愛批評抱怨，或詛咒別人，而是，他們更願意幫助別人、鼓勵別人。他們懂得當別人的貴人，才會吸引更多貴人，而不是總把別人當小人。

每當遇到什麼挫折或不開心，你要懂得學會消化、思考，讓自己學習成為更成熟的人，而不是只是不斷讓自己活在抱怨裡的人。你常會覺得別人比你幸

運，但其實，每個人都會遇到挫折，但重點是你面對挫折的態度，你想要讓自己更好，還是繼續活在挫折裡？

在愛情裡，每個人都會有失戀、失敗的經驗，而那些後來找到幸福、看起來比你好命的人，並不是他們運氣好。而是，他們遇到失敗懂得站起來，懂得「放下」那些阻礙他幸福的傷害。越懂得放手那些不適合自己的，才能讓自己遇見更適合的人。

你想要有人愛，你就要先當個可愛的人，你想要快樂，你就要先付出快樂給別人。你想要的東西，都要從你自己身上開始、從自己先付出，你想要笑，不是因為別人讓你笑，而是你自己先擁有發自內心去笑的能力。

你笑了，是因為愛、自信、知足、勇氣、豁達、堅強……，不管生命的路怎麼走，你都能告訴自己要帶著微笑走下去。

因為你笑了，所以你感到幸福，你才能吸引更多幸福來到你的生命。

你才會明瞭，不是因為幸福才笑，是笑了才會更幸福。

不懂不是錯！
不要叫另一半猜測你的心意

常看到不少兩性的問題是來自兩人的溝通問題，尤其是許多女生常會抱著「我不說，他應該要懂我在想什麼」的認定，覺得對方就是要在意自己、懂得她的心情，應該要察言觀色，甚至有的人會口是心非、不說出自己要什麼，覺得對方理所當然要懂她。

然後許多男生就這樣莫名其妙的被罵，不懂對方在氣什麼，不知女友到底要的是什麼。其實大多數的男生和女生的思考路徑本來就不同，男生就是 1+1=2 一個指令一個動作的標準答案，但是女生可能 1+1 會有很多不同的答案，從來沒有既定的模式或道理。甚至，很多女生不會告訴你答案（不告訴你她真的答案是什麼），讓你找不到她生氣的點、在意的點，也不知道自己錯在哪裡。

身為女生，老實說我也真受不了很多女生的這種習性。大概是因為我個性比較粗線條、粗心大意（簡單來說就是比較白目一點），對我來說，心裡想的嘴巴就會馬上講，我也很難做那種迂迴、猜測心意的溝通模式（那不然到底要怎樣？講清楚就好了嘛），所以個性上這一點我比較像男人，我無法冷戰、有問題就攤開來講，要就要、不要就不要，有誤會就講清楚（何必放心裡互相猜測？），我想要什麼我也會馬上講，我不想要別人猜。（所以說比較沒有神秘感吧，無法冷戰所以氣勢上就輸人了，哈！）

我覺得要別人能夠猜出你心裡在想什麼，是一件很不人道的行為。沒有人天生就這麼有感應能力，或那麼會察言觀色，難道猜不到你的心，就是不夠愛你嗎？那也太為難別人了吧。

但是，很多女生會覺得：「你愛我、重視我，就應該要懂我。」這樣說來好像邏輯上沒有錯，但，或許有的人就是反應比較慢、比較沒那麼細心、沒那麼會猜，觀察力比較不敏銳，那是他的個性，並不是他的錯。或許，**你更應該給他機會，讓他能更懂你。你更應該告訴他，你要的是什麼啊！**

覺得別人一定要懂自己，其實是一種很自私的想法。

認為別人一定要細心、一定要猜得懂你的心，其實你也很不貼心啊，因為這是你自己的理想想法，並不能套用在別人身上。你真的很喜歡一個人，那更應該好好去告訴他，你真的要什麼、不要什麼，讓你們能互相瞭解更多。不是你什麼都不說清楚，讓對方不小心踩到你地雷，然後你怪他為什麼要踩到，請問你有清楚標示你的地雷區在哪裡嗎？

有些人談戀愛，甚至會表現的很偽善，當那個不是真實的自己，假裝自己是對方喜歡的樣子，或許是因為太喜歡對方了，所以不敢呈現自己真實的樣貌。譬如說很貪吃的假裝胃口小、很愛玩的假裝很居家、很愛喝酒的假裝滴酒不沾、很怕小動物的假裝很愛他的狗……，然後，他們會在喜歡的人面前扮演對方理想情人的模樣，所以，對方根本不知道，他是不是真心喜歡什麼、不喜歡什麼。

直到真的交往久了，真實的個性慢慢顯露（甚至有的一交往就發現這是詐騙集團來著），以前喜歡的，後來跟你說其實是配合你。或者是有的人演久了失去自我，為了能交往覺得忍耐一下應該沒關係，明明不能接受的事情，假

裝説服自己可以接受，譬如説討厭抽煙的人卻要忍受他抽煙、愛吃醋的人卻要假裝讓他跟前女友當好朋友……，那麼，到最後，可能你也會失去自己。因為你從來無法跟對方表態你真實的自我。偽裝、勉強、逼自己而得來的感情，總是撐不長久。

你總認為男女交往，對方就是要懂得 100％的你，但這是幾乎不可能的，因為你也不一定瞭解 100％的自己啊！

你覺得他應該要知道你所有喜好、摸得懂你身上的每一根毛，那真的是強人所難。與其要對方猜，不如你直接告訴他、讓他明白，不就少了很多不愉快和誤會嗎？

就像我跟另一半在一起，一開始他也很受不了我記性很差、太粗線條的缺點（他剛好跟我相反，是非常細心的人），他常會感嘆怎麼會有人記性可以這麼差，粗心大意？我反而很樂觀、笑嘻嘻的回答他：「生命自有出路，我這樣也活得好好的啊！我也過得很快樂啊！」他聽了也笑了，也對，每個人都不一樣。

優點和缺點往往也是一線之間。因為我粗心所以我不懂得計較，因為我記性不好所以我不太會生氣（要氣什麼都忘了），所以我也過得挺豁達的，當然有缺點要改（我也會努力改），但是，每個人本來就不同，對我來說，多看別人的優點，會讓我過得比較快樂。

如果你看你的另一半有什麼缺點，換個角度想，這或許也是他的優點。（當然除了很糟、不能接受的缺點以外）你喜歡一個人的好，當然他就會有相對應的不好。務實的人就不浪漫、文靜的人就是不太會説話、事業有成的人就沒時間陪你、幽默的男生就是女人緣好、人緣好的人就是異性朋友多……，不可能事事都完美，凡事都順著你的心，而是，你怎麼去做選擇。**你選擇了一個人的優點，相對的，就會有他對應的缺點。**

對於我這種比較粗線條的人，我就會希望對方跟我溝通的方式就是講清楚需求、不要拐彎抹角（因為我會聽不懂暗示），我想什麼我也會説，當我們找到了瞭解彼此的溝通模式，我們就不必猜測。但是對於不喜歡明説的人，你就不要逼他説，凡事放心底的，或許你要懂得他説的跟他想的可能不一樣。就像很多人你問他想去哪、吃什麼，他都會説「隨便」，但其實「隨便」只是他不想（懶得）發表自己的想法，並不是真的隨便都好。

有個女生很生氣的跟我抱怨，為什麼找她約會的男生都要問她想吃什麼菜、想去哪家吃，她説：「他們決定就好了，吃什麼對我來説一點也不重要啊！」對於這種沒有太多想法的人，或許就不要問太多，你決定就對了。（但對我這種很懂得自己想法的人，我會直接跟你討論吃哪家好，或我喜歡哪一家，你呢？真的「隨便」做決定，我會不喜歡，那麼我寧可自己去訂位、做決定，而且我也不會喜歡總是説「隨便」的男人，太沒想法了！）

只能説，每個人的個性都不同，如果，你真的要減少跟另一半的誤會、爭吵，建議你不要再總是要他猜、要他「應該懂」，他不懂不是他的錯，也不是他

不重視你、不愛你，他真的只是不懂。那麼，你何不直接告訴他你要的是什麼呢？你喜歡、不喜歡什麼，你就讓他知道，這樣不是可以減少你們很多誤會，也不浪費吵架的時間啊？何必在哪裡白白生氣？

你更要知道不可能事事完美，人沒有完美，你也不完美，

沒有人應該天生懂你的心，除非，你主動讓他懂。

或許幸福沒那麼難，只是你把它想得太難了，弄得太難了，不是嗎？

不如，就先告訴他，你要的是什麼吧！

另一半外遇！你要原諒他嗎？

因為新聞上總是有名人的外遇新聞，許多人也熱烈討論起這個話題，許多女性朋友憤恨不平的說：「要是我是他老婆，一定離婚。」也有不少人不解，老婆這麼美，為什麼還會想外遇呢？為什麼要原諒呢？

其實外遇跟另一半有多完美一點關係也沒有，現實生活中，你也看過不少小三、小王比正宮醜的案例，外遇完全就是追求刺激，心存僥倖，他們的快感就是來自不被發現，可以貪心的享受做壞事的刺激感和成就感。所以，真心想外遇的人，真的跟另一半條件好不好一點關係也沒有，甚至他也可以維持和老婆（老公）美滿的婚姻關係，但同時保有外遇（這我們應該都看過不少案例）。

有人問：「外遇了，還說最愛的人是老婆，為什麼？」、「只愛老婆，就不應該外遇，不是嗎？」雖然聽起來很奇怪，但很多時候，這是成立的。他可以心中有個「最愛」，但不代表他不會去採採野花、搞一下曖昧，就算自己擁有了頂級的高級餐廳，也想偶爾吃吃路邊攤。他的確「只」愛老婆，其他的不是愛，是喜歡、是曖昧、是樂趣、是新鮮。

但，所謂的「最愛」、「只愛」其實也不見得是真的「愛」，真愛一個人，你根本不會想去外遇、去傷害你愛的人。「我只愛他」其實只是說明了「我不愛外遇的對象」的說法，又或許，其實他誰都不愛，他只是愛玩、愛出軌、愛說謊。

現在的社會，婚姻忠誠似乎變得不容易了，我們常看到許多明星名人外遇的

新聞，甚至我們自己身邊朋友也會發生，離婚率又這麼高，又大多是因為外遇離婚，看著看著，我們似乎也會對婚姻抱著比較悲觀的態度。我常收到許多讀者來信問問題，也大多數都是跟劈腿、外遇有關，其實許多人都會遇到這方面的問題，因外遇離婚的不少，但有了外遇又不離婚的也更多。很多人問，他外遇了，我要原諒他嗎？我要離婚嗎？

離不離婚，這是很個人選擇的事情，沒有什麼對錯。除了當事人，旁人也不能決定、判斷什麼，因為人生是他自己要過的，他想要怎麼樣的婚姻，或不要婚姻，都是他的選擇。

更何況，許多人離婚還不見得容易，因為考量到許多家庭層面的問題，如果有了孩子、監護權怎麼判、財產怎麼分，經濟情況的問題，甚至家庭、社會壓力……，要離婚，還挺複雜的，甚至一方不離還要打離婚官司，家暴、外遇還要努力蒐證，想離婚還不見得容易。

許多人明明婚姻已經有名無實了，對方外遇也名正言順了，他還是不會離婚，因為要佔著「正宮」的位置，這也變成了一種競賽，他們覺得，離婚就是輸了，就是讓給對方，所以死不離，就算沒有愛，有名無實也無所謂，好歹還是某太太，死了還是你家的鬼。

回到許多人問的主題：「你會原諒外遇的另一半嗎？」我相信，許多人在單身、未婚時都會想過「如果我遇到這樣的狀況該怎麼辦？」的假設性問題，在我結婚後，也有人問我：「如果另一半外遇，我會原諒他嗎？」（哈！真

是個很令人翻白眼的問題），這個問題很難回答，如果是你，有人這樣問，你會怎麼回答呢？

老實說，年輕的時候，我一定是說：「我才不可能原諒呢！」但是經歷了許多，也看多了許多人的婚姻，我自己以前也被劈腿，也劈腿過。在見過了不少世面和人生閱歷，現在步入婚姻，也變得更成熟之後，我發現，**人生的問題不一定只是「是非題」，也沒有絕對的對錯，只是看你站在什麼角度和立場來看。**

如果一個人劈腿或外遇，他在道德上或法律上是「錯」的，沒錯，但如果以「愛情」的角度來看，可能他發現外遇的小三、小王才是「真愛」。我絕對不是為劈腿者說話，而是，據我的觀察有些外遇者他們才是真心相愛（除了那些玩玩的之外），那麼，在愛情上是對的，但在道德上、法律上是錯的，到底天平上的兩端，哪一端才是對的？是，他們在道德上、在法律上，本來就不應該發展愛情（或姦情），那麼，這三角關係的任何一人都可以覺得自己是對的，別人是錯的。

原不原諒的前提是，外遇的人他真心道歉、知道犯錯，所以願意回頭。如果對方根本不想回頭，也不覺得自己有錯，那麼，你根本沒有機會去原諒他。甚至他們把外遇的理由都推給別人，都是全天下男人的錯（關其他男人什麼事），對方主動自己被迫（你被強暴嗎？）、或被抓到也打死不承認（你見到鬼了）……不認錯的人，你要原諒他什麼？

很多人會用「成全」的說法，如果對方根本不會回來，那麼，成全只是你個人的想法，他根本不需要你的成全。

現在的我會覺得，我願意接受人都會有犯錯的可能，只是看犯錯的程度到哪裡，你的底線在哪裡（你也該為自己設立一個底線，你最低能接受的程度是什麼，什麼樣的錯誤是你絕對不能接受）。但重點是，犯錯過後，對方願意悔改、不再犯，並盡力的修補關係。因為彼此知道珍惜緣份和情份，願意為共同經營的婚姻和家庭再努力。那麼，原諒也沒有什麼不好。

我見過不少經歷過外遇、婚變的婚姻，因為一方的原諒，兩人重修舊好，為了婚姻努力，那麼，這樣也很好啊！很多婚姻都是千瘡百孔，但，願意努力的人，還是會盡力修補它，如果這個考驗兩人可以齊心度過，讓關係變得更好，那麼，原諒對方也不會是個不好的選擇。

記得我看過一部電影《The Vow》（愛，重來），其中的女主角因車禍失憶，後來才發現原來當年她父親曾外遇，她生氣的跑去質問媽媽為什麼要接受父親。她媽媽說了一句話我印象很深刻：「**我不因為他做錯了一件事而離開，我因為他做對了很多事而留下來。**」

有人認為外遇很嚴重，一定要離開，也有人會原諒，因為對方知道錯誤、願意改進。原諒的重點是，真心的痛改前非。對方值得你原諒嗎？你能真心的放下這個錯誤嗎？（放不下的不如不要勉強自己原諒，讓自己痛苦、也讓對方痛苦，那樣太辛苦）

我總笑說，踏入婚姻應該是先做好了「最壞的打算，最好的準備」。你要先想到如果遇到最糟的事情，你該怎麼辦？要怎麼預防、怎麼避免，遇到了該怎麼處理。如果對方不要我們了，該怎麼辦？（所以女人要有經濟能力很重要，很多因在痛苦的婚姻裡不願也不能走出來的都是經濟上受制於對方），而「最好的準備」就是，你要對自己更有信心，對婚姻有更務實、理性的想法（不抱著太夢幻的心態），你要夠成熟、夠穩定，知道自己真正適合什麼，真實的婚姻生活是什麼，在踏入婚姻，你才不會婚後發現婚姻跟你想的不一樣。（**很多人婚後都會幻滅，因為他們抱著太夢幻美好的期待，婚姻就是生活，不是偶像劇也不是從此過著幸福快樂的生活這麼簡單**）

如果你願意原諒外遇的另一半，請基於「愛」的理由。而不是為了他的工作、為了自己的面子、為了現實、為了家人、為了孩子、為了社會壓力、為了要贏小三、小王……等等的理由。原諒，是因為你還願意愛他，願意再相信他，願意給他機會，你們願意為了婚姻努力。

以前的我可能會說：「我絕不可能原諒。」現在的我會多思考，如果我還願意愛他，我很有可能會原諒。看事情的嚴重程度，和自己的接受程度而定。

但原諒這種事情，一次就好，太多次，他就是慣犯了。（很多外遇都是慣犯，如果不止一次，真的就不要再原諒了）

如果你真不想原諒，你就要馬上走人，不要內心不原諒對方，又假裝原諒，讓自己痛苦，也無法讓彼此快樂。若要「不原諒」，趁你還年輕、趁你還能

瀟灑的走時，你可以不原諒，因為你大可以離開，對你的人生殺傷力不大。若你不想原諒，就不要猶豫，也不要反覆，更不要在未來的幾十年都拿他的錯誤來懲罰自己。不原諒，不是要帶著仇恨生活，而是你懂得放下、放手。你知道，總有一天你會原諒他，因為你要放過你自己。

或許換個角度想，他就是這樣的人，你為什麼要改變他？又為什麼以為用婚姻可以改變一個人？如果你知道他就是愛玩的人，又憑什麼認為婚姻可以綁住他？與其要去煩惱「原諒」這個議題，不如去找一個真的穩定的、忠誠的，有肩膀的，不愛玩的（或玩夠了早已不想玩的），真的可以給你安全感和信心的對方結婚。

你要原諒，也要對方懂得珍惜你的「原諒」。
否則，原諒太廉價，你給得起，他還不一定看得起。
他可以對不起你，但你不可以對不起你自己。

想要得到幸福，
姿態不必高、個性不必難搞！

在我寫上一本書《相信你值得幸福》時，我訪談了很多位幸福的人妻，從她們的分享來歸納、整理許多得到幸福快樂的秘訣，也感謝她們都無私的跟我分享許多心裡話，讓我得到許多靈感和人生的智慧。

其中問到：「女人要怎麼樣才能得到幸福，你會想給單身的女孩什麼建議？」這個話題，我發現許多人妻都會講的一個重點是，**女人要讓自己成為一個人見人愛、好相處的女生，把自己照顧好、提升自己，並散發樂觀和快樂的能量，才會讓自己離幸福更近一些。**

有一位人妻跟我說了一句話，讓我印象很深刻：「如果你真的喜歡對方，不要讓自己變得很難追，也不要姿態很高，一直去為難人家，以為要這樣難搞，別人才會愛你。」讓我深深的認同。

真的有不少的女孩以為戀愛就要像比賽或遊戲，或者是看了不少要怎麼吊男人胃口的工具書，聽別人說要「多拒絕幾次、裝忙、好像很多人追、行情很好」，對方才會覺得你珍貴……這一類的鬼話。所以認為太輕易被追到就會顯得很隨便、太好約就好像沒身價，然後用這樣的方法，去提高自己的姿態。

所以你可以看到，許多女生（尤其是漂亮的女生），都是用這樣的方法去對待男生。但我認真的認為，如果是真愛，根本不需要去比誰先追、也不用去玩那種猜來猜去的遊戲、追到天涯海角的考驗，真心的喜歡對方，你會誠心的對待他，也不會怕自己愛多了吃虧，你更捨不得拒絕他。其實，用這樣的方式對待對方，你根本就沒那麼喜歡他，甚至，根本就沒有真心對待對方。

我很認同這個幸福人妻說的話，其實接觸了許多過得幸福的女人，我發現她們都有共同的特質，就是聰明善體人意，個性好相處，當中也不乏有許多大美女、很會賺錢的女人，但都不是那種眼睛長在頭頂上、有公主病，或姿態很高的人，相反的她們都親力親為，願意付出，非常熱心待人。有的幸福人妻說：「**女生把自己弄得很難追，其實並不會離幸福更近，只會趕跑真心喜歡她的人。總是要為難男生，來證明自己的價值，自己的個性不好又不願意改，就算在一起、結了婚也不會幸福。**」

我的確見過不少這樣漂亮的女生，她們的美貌都是令人讚嘆的女神等級，怎麼看都令許多女生羨慕又嫉妒。她們隨手一抓都是一堆帥哥、條件很好、對她很好的男生來追她、任她挑，所以我們會覺得她們得到愛情或幸福應該更容易，別人感嘆沒有人愛，她們感嘆的可能是到底要愛誰。但是很奇怪的是，我見過不少這樣令人稱羨的女生，她們感情路卻很辛苦，常遇不到好男人，甚至不一定過得很幸福快樂。你好奇，這樣起跑點就贏別人一半的人，怎麼會總是一天到晚跟你哀嘆：「我好想談戀愛」、「我也想遇到好男人」、「為什麼我還單身」……。

我遇過一個「**很難約**」的美女，她說不能讓男人覺得太好約，所以每個男生要約她，她都會先婉拒三次（總是說沒空、很忙），真的約到，都是約一個月以後。我傻眼：「一個月以後也太久了吧？」她說：「我就是要一個月以後才讓他約得到啊！」大概也是種欲擒故縱的技巧吧。於是這麼多年來，她一直保持著自己的高身價、很難約，也一直想交男朋友交不到，因為很多要約她一個月以後的男生，可能一個月後就交女朋友了，或感受不到她的誠意

打了退堂鼓。

還有個大美女總是訴苦說男朋友對她不好。我不懂，既然對你不好，幹嘛跟他在一起？你是大美女耶，還不怕沒人愛嗎？後來才知道這個大美女的公主病很重，有次見到她當著大家的面一直唸男友、在男友的朋友面前擺臉色，耍大小姐脾氣，甚至還得意說只要男友惹她不開心，就摔爛他新買的手機，以致於她男友幾個月就要換一支手機。老實說，其實我也不懂為什麼有的男生會喜歡這種公主病很嚴重的女生，大概是一物剋一物吧，**有公主，自然就有人喜歡當奴才**。但是即使這位美女這樣對待她的奴才，她卻覺得不快樂、不幸福。因為當她對男友大小聲時，男友就出去玩、把妹，奴才大概也覺得心有不甘吧。我在想，這不就是惡性循環嗎？你對別人不好，自然不會遇到真心對你好的人，就算那人有奴才命，也不可能長期忍受的了。

還有一個大美女，總是同時保持 5 個以上的人追求，她就算跟誰談戀愛也不會承認，依舊保持「單身」的狀態，我曾見過有曾跟她在一起過、追求她的很優質的男生，紛紛打退堂鼓，離開她後找到更適合的女生結婚。因為她總是高高在上，就算跟某個男生在一起，也不怕讓他知道還有其他追求者，還會跟其他男生約會，讓男生覺得要跟她「穩定交往」真的好難，於是黯然離開。直到現在經過多年，她還是一樣，她總是在 FB 上說：「我也好想遇到對的人……」，事實上，**你用錯了方法，你自己不對，是不可能遇見對的人。就算遇見了，也被你嚇跑了。**

還有一種女生，會讓男生感覺到戰戰兢兢的。她會為一點小事抓狂，你常不

明白她在不爽什麼（連當她的朋友也很辛苦），喜歡她的男生總是不小心踩到她的地雷。如果她男友或喜歡的男生常去按別的女生 FB「讚」，她會不爽，在她面前不小心讚美了其他女生，她也會不爽，甚至只是你沒有去接她下班、沒有訂她喜歡吃的餐廳（她也不說自己喜歡吃什麼）、沒有猜中她的心意（但她也不喜歡說清楚自己要什麼），她也會不爽。總之，跟她相處或交往，就是一直很怕踩到她的地雷。這樣的女生，其實同性跟她當朋友就感覺很辛苦了，更何況是男朋友。

總是要把對方壓下去來證明他愛你，或是欺負他、壓榨他來獲得你要的愛情（好處），這並不會顯得你比較厲害或聰明，而是，你讓自己離真正的幸福越來越遙遠。

其實說真的，不管是男生還女生，都只想跟一個讓自己覺得輕鬆、舒服、自在的對象在一起。畢竟真正能夠相處才是長久，愛不只是一時的激情，或短暫的忍耐，而是細水長流。結婚後的我更懂得，兩個人要在一起、要一起生活，要多包容、讓對方，真的愛一個人，你不會去跟他爭誰做得多、做得少，誰愛誰比較多，你也不會只想當坐享其成的人，而是兩個人要互相。如果什麼都要爭、都要贏，都要面子，那麼，你根本不可能得到幸福。

年輕的時候，我也曾是個不好相處、自視甚高的女生（我承認，哈！），但過了這些年，我也改變了許多。我更懂得，我們保有自己的個性和想法，但與人相處還是要多磨自己的稜角，**做一個成熟的人，是我們更有同理心、更尊重別人，也更能體諒別人。不是什麼事情都是從「我」出發。**

或許,當你姿態高,難搞又不好追,會讓你覺得可以考驗、淘汰對方,只有真心愛你的人,才會通過重重考驗。你覺得如果自己太好搞定了,不會被珍惜。其實看你從什麼角度看,但我必須說,真正愛你的男人,並不會因為你很好追而不珍惜你,反之,不夠愛你的人,才會因此嫌棄你、看扁你。所以這跟你好不好約、好不好追真的一點關係也沒有。

反而是那些努力通過挑戰的男人,也不一定是真心喜歡你,他們也只是想狩獵罷了。你想考驗別人,別人也想考驗你,你想玩別人,別人也想玩你啊!哪有總是你佔便宜,別人吃虧的道理。

如果你真的遇到一個喜歡的人,請不必再把自己變得那麼難搞、難相處,你把別人拒於千里之外、把自己的姿態擺太高,那真的很不可愛。如果你不喜歡他,就不要考驗他,如果你真心喜歡他,更不需要考驗他。不要利用喜歡你的人,去得到你的虛榮心,也不要濫用你喜歡的人的耐心,去證明他有多愛你。

就像我曾寫過的「脾氣好、個性好,命才會好」。想要得到幸福,姿態不必高、個性不要難搞,先讓自己成為「對的人」,對的人才會喜歡上你。

懂得放下姿態,幸福才會來敲門!

Chapter.2
女王的愛料理

旅行與美食的火花

我是一個非常喜愛旅行的人，旅行中最開心的事情莫過於可以到各地方吃到當地的美食。自從自己喜歡做菜後，旅行的意義不只是去吃美食，而是去逛當地的菜市場、市集和超市，採購可以帶回來料理的各種東西，那簡直是身為煮婦最開心的一件事。

對我來說，每一段旅行回憶，往往都是用美食所記錄起來。喜歡到各地融入當地，去找那些不是那麼觀光客去吃的餐廳，就算語言不通，也不怕，為了吃到好吃的東西，我可是非常厚臉皮的呢！

許多人問我，如果到了語言不通的國家，英文又不管用，那要怎麼去餐廳吃飯？怎麼點菜？如果到歐洲國家，基本上身為吃貨的我會先記下來幾個重要的單字，譬如說牛肉、雞肉、豬肉……這一類的，至少可以知道自己看到的菜大約會是什麼。（其實不知道也沒關係，我會抱著冒險的精神點來吃吃看，反正我也沒有什麼不能吃的，所以我會去嘗試、去冒險，管他是什麼菜，看起來好像非點不可，我就會豁出去點來吃）

到了餐廳如果語言不通、看不懂菜單，甚至沒有菜單，譬如說小吃店、路邊攤，我就會用「**一指神功**」，用比的點菜「這個、那個……OK」，或者是看旁邊的人吃什麼，看起來不錯吃，我就會說我也要一份。想要吃就要臉皮厚，反正我們是外國人嘛，語言不通本來就是正常，他們也不會笑我們。所以就勇敢的點菜吧！

我臉皮厚到一個人旅行我都可以一個人吃飯吃得很開心，絲毫不覺得孤獨

或可憐。因為我太享受一個人的旅行了，我也可以享受一個人吃飯的自在愜意。有些好一點的餐廳，我也會訂位一人，自己跑去吃，整個餐廳只有我一桌是一個人用餐，那又如何？只要我自己吃得開心，我一點也不怕自己一個人踏進高級餐廳享用美好的一餐。

很多人會說，如果吃飯沒有伴，不會很無聊嗎？或許會因為沒有人說話而感到少了點什麼，但我覺得你更會把心思放在好好的享受食物這一件事上，專注的用餐，享受一下不用去說什麼話，腦袋放空的感覺，也是一種休息。

我很喜歡一個人用餐時的放空，讓我可以獲得短暫的休息，我也喜歡靜靜的思考，有時我們很難有時間可以靜下心來，所以安靜的想想事情，也是一件很難得的事。

記得我在旅行的時候，曾一個人訂了一間我夢想中想要去吃的餐廳，當天還穿得漂漂亮亮的去吃飯，絲毫不因為自己用餐就覺得自己可憐，反而我還很期待呢！那天侍酒師問我想要點什麼酒，我看了看厚重的酒單拿不定主意，所以直接跟她說，幫我挑一瓶適合 single lady、適合我今天好心情的酒吧！她笑笑的跟我眨眼，也真的挑了一瓶讓我驚豔的紅酒。讓我擁有美好的一天！

每當旅行的時候，可以多多嘗試當地的美食，對我來說就是最有趣的事，有時候拋開自己的偏見和刻板印象，多多嘗試那些沒試過的食物，你會發現原來有這麼多美食等著你去發掘。

有時候在餐廳吃到喜歡的料理，我也會試著去找找看食譜或做法，甚至也會厚臉皮問一下店家這道菜大概怎麼做才會好吃。這樣又可以學到一道新的料理，自己買材料來做做看，不管做得好不好吃，也是一種新的體驗。

現在喜歡找那種有小廚房的公寓式飯店，可以在國外超市買想吃的東西，回飯店自己料理，把喜歡的食材、當地當季的東西買回來做菜，對煮婦來說真的好快樂啊！**把旅行和愛好美食、喜歡料理結合在一起，讓我找到了不同的樂趣。**

書裡有許多異國料理也是我有時候出國旅行吃過的味道，回來自己學做看看，找尋旅行時的感動和回憶。

當然，我們不可能做出真正國外一模一樣的美味，但是自己試著做做看，找尋到你喜歡的味道、你印象中的美味，那樣的過程，也是非常有趣的。最開心的是，做出了成功的料理，吃的人說：「哇！有像餐廳吃飯的感覺耶！」那麼一切的辛苦都有意義了。

美食，讓旅行更豐富、更有意義。

我也用美食紀錄著人生的旅行！

 一般食譜的計量單位

其實我除了做甜點烘焙會拿電子秤來量重量，平常做菜並沒有特別在算計量，都是一種「憑感覺」、」「看心情」的料理方式。我發現婆婆媽媽也是如此，但他們因為做菜的資歷夠久，真的隨手一抓、一倒，就知道要用多少量。所以我一開始跟婆婆媽媽學做菜，都在旁邊看她們口中的「隨便煮」到底是怎麼煮，要多少量。然後在心裡記下來。（我不會要媽媽真的去量幾克或幾 cc，實在是太為難她們啦）

做菜做久了，就大約可以知道要多少量，如果怕失手，就不要一下豪邁下太多，慢慢的加，再試味道即可。其實每個人的口味不同，所以有時要鹹、要辣，都是個人喜好，所以我都會説「適量」就好。重點是你自己喜歡吃的口味，做菜本來就是可以隨時彈性調整，並不是一定要依樣畫葫蘆才是好吃的。

這裡分享一些最簡單的計量單位：
一小匙 =5cc
一大匙 =15cc

適量：依照個人口味喜好斟酌用量

西式量杯 cup
一杯 =240ml

中式米杯
一杯米 =160ml

菜市場計量單位
一斤 =600g

一小撮 = 大約兩個手指捏起來的量

做甜點最好還是要用電子秤來量重量，才不會失誤喔！

🌸 使用本書的安全須知：

我開始學做菜才一年多，深覺自己還只是菜鳥，要學的實在太多，我總是說
自己真的還只是菜鳥。我只是喜歡分享，因為煮婦對做菜充滿了熱情，如果
可以讓身邊一些不進廚房、對做菜沒自信，或跟我一樣的菜鳥燃起一點對料
理的熱情，帶給自己和家人快樂，讓自己有一點點成就感，這都是我最開心
的事情。

我不是廚師、沒有打算開餐廳，也不是學餐飲的科班學生，所以請不要用「專
業」的眼神來看我，我只是小小的煮婦，熱愛料理而已。所以我並沒有要追
求「正宗」料理，或強調這是「對」的料理，因為我只是做給自己和家人吃，
沒有要去做什麼了不起的事，當名廚或要去比賽或得獎牌，所以請不要用太
高的標準來看菜鳥我。呵呵！對我來說，做料理就是自己和吃的人開心最重
要。

就像料理鼠王電影裡的那句話：「Anyone can cook！」我想，就算我們再笨、再沒天分，只要我們有熱情，不管做出來的東西好不好吃，都是一種發自內心的快樂。

每一道料理，你都可以用你自己的方法去詮釋，去找到你喜歡的烹調方式，或增加刪減裡面的食材、調味料，依照你的方便、運用現有食材，去做菜就好了，不必給自己太多壓力，或一定非得要怎樣才行，這樣對自己來說壓力太大了（你又不是開餐廳，每一道菜都要一致、不能有差別），找一個你自己喜歡、方便、輕鬆的方式做菜就好了！

同一道菜，我也常會每一次作法都有點不同，我喜歡變化、也喜歡嘗試，這樣每次做的趣味都不一樣。所以跟你們分享的作法，你們也都可以找到自己覺得方便、喜歡的方式來做，沒有絕對。就像我看了食譜，我也會自己想想，要怎麼去變通，怎麼做可能會比較好？做菜不要怕失敗，要多嘗試，你才會找到適合自己的方式。

菜鳥最不怕的就是失敗，最不怕的就是跟別人請教，最不怕的就是就算做得沒那麼厲害，還是喜歡跟別人分享。呵呵！

愛料理的人都有一顆大方、愛分享的靈魂，也有一顆愛家人的心。所以我希望這本菜鳥料理書可以鼓勵更多人一起來當菜鳥（當然你也可能變老鳥），只要會開瓦斯爐，你都可以做菜！（是不是很激勵！）

Part. I

**傻瓜也能做的
簡單料理入門**

最簡單的料理，
卻也能做出難忘的好滋味

既然是菜鳥的料理書，我們當然要從最簡單的開始做起。

一開始想要學做菜的人，常都會想要做很厲害的菜。但其實，先從簡單的開始，反而會比較容易有成就感和滿足。而且，我發現越簡單的料理要做得好吃反而越不簡單，當中有許多經驗和秘訣，都是要做過的人才會慢慢的發現好吃的關鍵在哪裡。就像是怎麼煮白飯、怎麼燙出漂亮的青菜，怎麼煎一顆漂亮的荷包蛋，你可能都要在瓦斯爐前面研究很久，做失敗很多次，才找到一個最適合你的方法。

譬如說蛋炒飯，還沒做這道菜的時候我都覺得這一定超簡單的，在外面吃炒飯感覺老闆也是隨手炒一下就炒出來了。但是自己要炒的時候才發現，原來炒飯要炒得好吃真的好難，不是隨隨便便丟進去鍋子炒一炒就好吃。**所以簡單的東西也不要小看它，能把簡單的料理做得好吃，那才是真功夫啊！**

常常在外吃美食、享受大餐，有時候嘴巴變得更刁了，但是說起最喜歡吃的食物，往往還是家裡常做的那些家常菜。尤其是出國或離開家裡一陣子，就更會想念媽媽從小煮到大的那些料理，那是外面山珍海味無法取代的啊！

我也發現，我常會做一些我自己覺得很好吃、很厲害的料理給另一半吃，但他最喜歡的還是吃那些我煮的家常菜，每次他「吵」著要吃（譬如說麵疙瘩），我就會很開心原來我自己做出來了他所認同的「家」的味道。

所以，一開始做菜，就先從你喜歡吃的、你常吃的，你覺得最容易做的料理

入手吧，這樣你做起來也會比較開心、有興趣。不一定那些看起來很厲害的料理就一定比較好吃，往往令你的另一半印象最深刻的，是在夜深肚子餓的時候，你隨手煮的一碗簡單的雞湯。

而現在的人因為買食物太方便了，24 小時的便利商店就可以買到熱食，微波食品的方便，街頭巷尾隨時可以買到的小吃、宵夜，讓你覺得不必自己做也很方便。但是當我自己開始做料理後發現，自己做的吃得比較健康、安心，而且吃得多也不會胖，反觀是外食的時候，胖得比較多。我想大概是因為自己可以使用好油，控制油、糖的量，使用的食材也比較好，身體的負擔不會那麼大。

為了健康，為了身材，也為了家人和你所愛的人，自己下廚的好處多多，而且我自己覺得，做料理可以讓心情安定，因為你必須專心的去做菜，去想步驟、順序，專注在把料理做好，反而那些不愉快、繁雜的心情，會被你拋下。
我喜歡做一些需要燉煮的料理時，靜靜的守在鍋子前，等著它煮好時，那個寧靜的過程。讓我一邊思考著許多事情、沈澱心情，讓自己變得更平靜，也更不急躁。我本身是個急性子，雖然做菜的手腳很快，但有些菜就是需要花時間慢慢等待，所以我也學會了耐著性子不要急，做菜讓心情更安定，也是一種意想不到的收穫吧！

在做菜中，也發現越簡單的滋味越難得。忠於食物的原味，只要用好的食材，不用太多的調味，用好的方法煮出來，品嚐那些食材的鮮甜，就是美味。所以我自己也不太喜歡吃那些太繁複、沒有必要的調理方式，或者是太多油

炸、太花俏的料理。那些看起來或許很美味，但是吃進身體一點營養也沒有，或負擔很重，吃了又不健康，那麼又何必做呢？

當你開始自己做菜，你可以找出自己的習慣和口味，找到一些最適合你自己的料理方式，沒有一定要跟別人一樣，或者什麼才是對的。**料理本來就是一件很個人的事情，你又不是要開餐廳，一定要做出樣版料理、正宗料理。只要你自己喜歡，你都可以做你自己喜歡的口味，料理本身就沒有絕對，所以不必給自己太多的壓力。**就算同一道菜，你每一次做的方法、加的配料都不一樣，發揮自己的創意，你會找到讓自己更開心的料理方式。

我只是一個小小的菜鳥，跟你們分享我對料理的熱情，就像是拋磚引玉，相信你們每個人都會做出比我更美味的料理。不要小看自己，每一道最簡單的料理，都是最不簡單的用心。

簡單也不簡單
蛋炒飯

說到最簡單的家常菜應該就是最貌不驚人的蛋炒飯吧，蛋炒飯有必要寫嗎？我自己也很懷疑，但是我發現，越簡單的東西，要做得越好吃，也不是一件容易的事呢！蛋炒飯很常吃到，但要吃到真正好吃的會令人想念、回味的，似乎不容易。

我自己也炒過很多次蛋炒飯，失敗過幾次，也炒到飯都黏在一起，很懊惱怎麼會連這麼簡單的東西都做不好呢？原來是，做出好吃的蛋炒飯還有很多「眉角」啊！每個人的作法都不一樣，每個大廚或餐廳都有自己的蛋炒飯方法和哲學，我就分享一下我失敗過很多次最後成功的方法吧，當然，一定要很簡單、不複雜，才符合「簡單料理」的原則！（其實是自己不喜歡複雜，因為記性不好。）

炒出一盤看起來不怎麼樣，但吃起來超美味、充滿驚喜，與回味再三的蛋炒飯，或許就像感情一樣，簡單平凡也是一種幸福，懂得珍惜樸實的感情，這樣的感情才是最長久、最幸福的。

簡單也不簡單，這或許就是幸福的簡單哲學！

蛋炒飯

材料

冰過的隔夜飯（或煮好的飯放冷）…約 2 人份
香油…1 大匙
蒜頭…1 至 2 顆（切末）
蔥…2 支（蔥白、蔥綠分開切末）
雞蛋…1 顆

調味料

醬油…1 大匙
白胡椒粉…適量
黑胡椒粉…適量
鹽…適量

作法

1 將隔夜飯退冰，在米飯上淋一些香油，用手把米飯和香油混合均勻，讓每粒米均勻沾上油，不會黏在一起。

2 將蛋打在碗中，攪拌打散，打一些空氣進去讓它變得比較蓬鬆。倒油熱鍋，倒入蛋汁炒散，切拌成細一點的蛋花，再取出備用。

3 原鍋再放油，續入蒜末、蔥白末爆香，炒出香氣後，將飯放進去炒。要讓飯炒得鬆鬆的、不要黏在一起，顆粒分明。

4 沿著鍋子畫圓倒入醬油，讓醬油先碰到鍋子變熱，就會產生香氣。將飯炒至均勻上色。

5 最後灑上蔥綠、一些黑胡椒粉、白胡椒粉和一點點鹽，就可以起鍋囉！

女王煮婦經

1. 選擇隔夜飯是因為米比較不會黏在一起，能炒出粒粒分明的感覺，當然這也是一種勤儉持家的美德，不要浪費。所以我如果有機會吃到便當，吃不完的白飯，我都會包起來，或去餐廳有剩下白飯，我也打包，這剛好可以冰起來做蛋炒飯（煮婦的小確幸啊！）。如果沒有冰過的隔夜飯，用煮好的米飯放到涼也是可以的。

2. 蛋炒飯可以做出許多變化，你要加入肉絲炒、蝦仁或任何你想吃的食材都可以（例如：肉絲和蝦仁都在白飯放進去之前下鍋）。

1

2

4

炸醬麵算是外食族到麵店、小吃店喜歡點來吃的簡單麵食。但是
要吃到好吃的炸醬麵還真不容易，尤其食安問題，讓人總是會擔
心食材、油品是不是不好，所以會做菜後，我就自己試著做做看
一些喜歡的小吃，炒炸醬也是我一直很想要自己做的料理。

每個人喜歡的炸醬口味不同，試著做做看，可以做出你喜歡的口
味，只要有炸醬，真的簡單配個麵就是美味！

| 路邊小吃輕鬆做 |

炸醬麵

材料

麵條（種類依個人喜好）…2～3 人份
豬絞肉…約 500g
五香豆干…約 5 片（切丁）
蒜頭…5 顆（切末）
薑…2 片（切末）
蔥…1 支（切段）
小黃瓜…1 條（切絲）

調味料（依個人喜好）

白胡椒粉…適量
甜麵醬…2 大匙
豆瓣醬…2 大匙
米酒…2 大匙
醬油…1 大匙
糖…1 大匙

作法

1 倒油熱鍋後，放入薑末、蒜末、蔥段，用中火爆香，接著續入豬絞肉，把肉炒熟、炒出香氣。

2 放入米酒、白胡椒粉，炒出香氣後，放入豆瓣醬、甜麵醬、醬油、糖，直到炒料上色後，放入豆干丁。

3 繼續拌炒，接著倒入適量的水，轉小火，以燜煮的方式煮成深咖啡色的炸醬（如果想要吃起來有濃稠的口感，可以加一點太白粉水勾芡）。

4 起一鍋滾水煮麵條，將煮好的麵條淋上炸醬，再放一些黃瓜絲就完成囉！

女王煮婦經

1. 甜麵醬和豆瓣醬是關鍵，喜歡吃辣的人，可以用辣的豆瓣醬；想要炸醬的顏色漂亮，可以買深黑色的豆瓣醬。甜麵醬如果比較甜，糖的比例就降低一些。

2. 我不喜歡吃太肥的肉，所以我都買豬梅花絞肉，請肉攤絞兩次。一次買約 200 元的量就夠用了。

1

2

3

About.

每個人家裡都會有一道媽媽味的滷肉，這是簡單
又美味的「家」的味道！記得從小到大，媽媽常
會滷一鍋肉，加一些我愛吃的滷蛋、豆干等，香
氣十足的滷汁，可以讓我配上好多白飯！我最喜
歡配地瓜稀飯，當作早餐，滷汁伴著稀飯，真的
是人間美味！現在長大了，也想來自己滷滷「家」
的味道！滷肉其實不難，而且滷一鍋可以吃好幾
天，吃不完可以冷藏保存，配飯配麵都好搭配，
真的很方便！

| 簡單樸實的幸福 |

家常滷肉

材料

豬肉…約 500g（切塊）
薑…5 ～ 6 片（切片）
蔥…1 支（取蔥白切段）
辣椒…1 支（切片）
蒜頭…2 ～ 3 顆（切片）

調味料

醬油…200ml
米酒（或清酒）…200ml
二號砂糖（或黑糖）…50g
滷包（或八角＋五香粉）…1 包（滷包可以跟
肉販拿，或超市也有賣滷包。）

作法

1 把豬肉放入裝有冷水的鍋裡，開火，不用煮到沸騰，就
會有許多雜質浮出來。撈除雜質後，把肉撈出來，沖冷
水備用。

2 接著，在平底鍋乾煎豬肉，每一面都翻一下，讓表面收
汁，鎖住肉汁（不必煎到太熟，表面有變色即可）。

3 直接在鍋中放入砂糖或黑糖，以小火煮，煮到糖冒泡，
變成焦糖色，再把豬肉放進來一起煎，讓豬肉煮出漂亮
的焦糖色（注意不要煮到燒焦喔）。

4 在滷肉用的大鍋裡倒油，放入薑片、蔥白、辣椒片、蒜
片爆香。

5 接著，把上色完成的豬肉放進已經爆香的滷肉鍋內翻炒。

6 炒到豬肉收縮出汁，接著將火稍微調小，放入醬油、水、
清酒或米酒，比例可依個人喜好，要點為淹過豬肉即可。

7 放入滷包一起燉煮，再放入任何個人喜歡的食材，我會
放水煮蛋（已剝殼）、豆干、海帶，蓋上鍋蓋，轉小火慢
慢燉煮。

8 每隔 15 分鐘可以打開鍋蓋翻攪一下，但盡量維持蓋著鍋
蓋的狀況，接著就可以看到滷肉慢慢上色，變得好可口
啊！大約以小火滷 1 個小時，就很漂亮囉！滷好後先關
火、蓋著鍋蓋讓它燜一下，滷更久會更入味。

1

3

8

About.

味噌又是健康的食物，又很方便煮湯，找到一個你喜歡的味
噌口味，隨時都可以拿出來做變化。喝一碗味噌湯，熱量也
不高，該有的營養也充足，喝個一兩碗就有飽足感（可以多
放蒟蒻和豆腐），不想吃豬肉，換成魚肉也很清爽喔，想要維
持身材的人也很適合喝味噌湯。這算是家庭必備的常備菜吧！

日式豬肉味噌湯

材料

豬肉薄片（火鍋肉片即可）…200g
洋蔥…1顆（切絲）
紅蘿蔔（或白蘿蔔）…半根（切塊）
蒟蒻、牛蒡絲或豆腐…少許
蔥…適量（切末）

調味料

清酒（或米酒）…20ml
味噌…適量（邊放邊試味道以免太鹹）

作法

1 將蒟蒻汆燙後，切塊備用。

2 在平底鍋放油，炒洋蔥、紅蘿蔔，炒軟後，加入豬肉片、清酒一起拌炒。

3 肉熟了後，加約400ml的水煮，再放入蒟蒻或豆腐。

4 撈出一些湯汁，在碗裡融化味噌，然後再倒入湯裡煮（順便試一下湯頭濃淡來調整味噌的份量）。煮滾後，關火，灑上蔥花即可！

2

3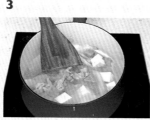

4

Part.2
跟媽媽學的家常菜

「家的味道」
美食是一種成長記憶

回想起我怎麼會嫁給我老公的，我想就是我婆婆初次見面的那一碗「麻油雞湯」吧！

記得第一次約會，我就在過年的時候去了他家（沒錯，我們第一次約見面就是直接去他家，見了他全家人，現在我想起來也非常不可思議），那時與一群朋友在他家裡，我剛到的時候，那時「未來的婆婆」熱心的問我肚子餓不餓？愛吃什麼？我很不好意思，但又不知道為什麼會開口說：「我喜歡吃麻油雞。」沒想到過沒多久，我「未來的婆婆」還真的端上了一碗麻油雞到我面前，嚇了我一跳！

還記得那一碗麻油雞的香味，令人難忘。現在回想起來，我應該是被我婆婆追到的，不是被我老公追到的。我常跟我老公說，婆婆替他加了 50 分。結婚後，我也總覺得自己很幸運，遇到了一個好婆婆，她把我當女兒疼，每次回婆家，桌上滿滿都是我愛吃的菜（不是我老公愛吃的菜），讓我很喜歡回婆家，每次回家就有好多美食迎接我，真幸福！

因為婆婆是客家人，所以回婆家也吃到不少我沒吃過的美食，當我開始喜歡做菜，我就跟在婆婆身邊學，看著她做菜，學到了不少。婆婆總是很客氣的說：「我都是隨便弄、隨便煮啦！」。唉！實在太客氣了，隨便煮都這麼好吃！

每一個家庭都有自己「家的味道」，我在自己的家庭、在婆家，都有不同的「家」的溫暖滋味，我真的很幸運，有很會做菜的媽媽和婆婆，在她們身上

學到了很多，得到許多寶貴的經驗。我更發現，在廚房裡跟婆婆媽媽培養感情，是一件很溫馨的事。雖然說跟自己的媽媽和跟婆婆相處是不同的事，但只要能在廚房一起做料理，對婆媽來說，她們會很快樂自己的女兒和媳婦陪伴她們。

很多人常會遇到的婆媳問題，很幸運的，我並沒有這方面的問題，有人問我要怎麼跟婆婆和諧相處，我覺得只要我們常講「媽媽做的菜好好吃」，多請教她們、多問問題（長輩很喜歡我們請教她們），婆婆在廚房忙的時候要記得幫忙，願意跟她學做菜，她做的菜你都很捧場吃光光，這樣就很得人疼了。**最重要的還是要有禮貌、要嘴甜，笑嘻嘻的就會人見人愛。我婆婆總是跟人說我很「促咪」（很有趣），可能是我個性比較樂天，凡事都笑笑的，沒什麼好計較的，所以婆媳關係還算不錯吧！**

我覺得一家人最幸福的時光就是在家裡坐在一起吃飯，一起享受美食、吃著家的味道，那是去外面吃大餐所無法取代的溫暖。所以我認真的學習媽媽的料理，也是因為我希望未來傳承婆婆媽媽的手藝，以後也讓我的孩子品嚐家的味道，擁有最溫暖的家庭。

這本書裡寫到很多菜都是我的婆婆和我媽媽教我做的，雖然都只是家常菜，但對我來說，這都是最難以取代的美味。有時候在家裡做菜，煮一些媽媽教的菜，另一半也很高興能吃到老婆做出來媽媽的味道。然後我都會拍照傳給婆婆媽媽看，讓他們知道我也很認真在學習、在練習喔！

我覺得經營一個家庭，能創造出自己「家的味道」的料理，是很重要的，也是一個家庭的凝聚力。讓家人的感情更好，也讓夫妻的感情更緊密。

我的另一半常常一下班就急著衝回家，想要吃我煮的菜，看來我是成功抓住他的胃了（當然抓住心才是重點），我也很希望未來我的孩子會很開心的回到家，吃著我煮的熱騰騰的飯。那一定是我最大的快樂！

家的溫暖，就是這麼的簡單。

從買菜開始一段幸福料理旅程。

隨便炒、隨便煮的媽媽拿手菜
炒米粉

炒米粉其實是一道很台味、很家常，甚至是路邊攤的小吃料理。我從小到大就很愛吃炒米粉，所以我媽有時候會在家炒給我吃，因為我覺得外面賣的炒米粉都不對味。有的米粉蒸太久也不好吃、太濕太軟我也不愛，有的又炒得很油，唉！要吃到真的好吃的炒米粉真的不容易。

結婚後，發現我婆婆也超愛炒米粉，我婆婆很高興遇到一個「知音」跟她一樣喜歡吃炒米粉，所以回婆家，有時婆婆就會開心的炒米粉給我吃，我真是好幸福！我婆婆炒的米粉超級好吃，因為她喜歡的口味跟我很接近，所以每次她炒的時候，我都會在旁邊觀摩學習，她總笑說：「這是隨便炒、隨便煮的啦！」（真是太謙虛了）她還發明了炒米粉加冬粉，兩種不同口感炒在一起，真的好特別、好好吃！你們真的可以試試看喔！

學到了兩位媽媽的炒米粉，身為女兒媳婦的我，也來跟大家分享這一道婆婆媽媽的味道吧！

自己炒的米粉，總是料比米粉多。

炒米粉

材料

米粉…約 4 人份
蝦米…1 小把（泡水）
乾香菇…4 朵（泡水）
紅蘿蔔…半根（切長條絲）
豬肉絲…50g
洋蔥…1 顆（切絲）
蒜頭…2 顆（切末）
黑木耳…2 朵（切絲）
高麗菜…半顆（切絲）
芹菜…適量（切末）
蔥…適量（切末）

調味料

醬油…約 2 大匙
黑醋…約 1 大匙
白胡椒粉…適量
米酒…適量

作法

1 將泡過的香菇切絲、蝦米隨意切碎，紅蘿蔔、高麗菜、黑木耳都洗好切絲，豬肉絲用一點米酒和醬油醃一下，米粉煮過取出放涼備用。

2 倒油熱鍋，依照順序炒蝦米、香菇、蒜末，炒出香氣後，再放入紅蘿蔔一起炒。

3 紅蘿蔔炒到略軟後，加入豬肉絲炒熟，接著依序炒洋蔥、黑木耳、高麗菜，這時可以加一點點水燜煮一下。

4 蔬菜都炒得差不多變軟了，就可以放入米粉拌炒，再加入醬油、黑醋、白胡椒粉，攪拌均勻，一邊試味道做調整。最後起鍋灑上芹菜、蔥花即可。

簡單煮也有餐廳的好味道
番茄牛肉麵

我和另一半都很喜歡去餐廳吃番茄牛肉麵，我總是想著如果自己煮會不會一樣好吃？聽起來很難，所以一直沒有很認真的想要好好做這道料理。

有一天另一半逛超市突然買了一大包牛肋條，問我要煮什麼好，我一時沒有想法，隔天想到我剛好有幾顆番茄，不如來做個番茄牛肉麵看看好了！所以做這道菜真的是緣份吧，我以前曾試著要做做看，但是因為材料沒有準備好，所以做得不好吃，這次剛好手邊有材料，就試著認真來做一次。沒想到做一次就做出很像我們在餐廳吃的味道，真的太有成就感了！

自己煮的番茄牛肉麵，番茄的香甜讓湯頭好美味，忍不住喝光光，另一半也吃光光非常捧場，好開心。我也覺得這樣煮出來的滋味真的不輸餐廳，而且沒有加味精或雞粉之類的添加物，連鹽巴也沒有加喔，真的很健康、美味！算一算從備料開始，不到一個小時就煮好可以上桌，加了喜歡的寬麵條 QQ 的，味道真的很棒唷！自己煮的加肉加湯不用錢，另一半一定會大喊：「老闆娘，再來一碗！」

番茄牛肉麵

材料

牛肋條…約 600g
番茄…2 ～ 3 顆（切塊）
蒜頭…2 ～ 3 顆（切末）
洋蔥…半顆（切丁）
薑…約 5 片（切片）
蔥…1 支（蔥白和蔥綠分別切段）
西洋芹…1 根
麵條（粗細依個人喜好）…2 人份

調味料（依個人喜好）

醬油…2 大匙
醬油膏…2 大匙
番茄醬…2 大匙
豆瓣醬…1 大匙
冰糖…1 大匙
八角…1 粒
月桂葉…2 片
花椒粒…少許

作法

1 將牛肉放入一鍋冷水，加入蔥白、薑片，煮至快滾即可熄火（不要煮到太熟），主要是將肉的雜質煮出來。關火後，倒掉水，將肉沖水洗乾淨備用，放涼再切塊。

2 在鑄鐵鍋裡倒油後放入洋蔥丁，炒到變軟後，放入蒜末、蔥白、薑片、花椒粒一起炒，炒出香氣。使用鑄鐵鍋可以一鍋到底比較方便，或用平底鍋爆香，再用湯鍋燉煮也可以。

1

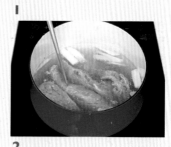

2

2

3 放入牛肉一起炒，拌炒至牛肉均勻上色。

4 放入番茄一起拌炒（先放一半的番茄份量，煮湯的時候再下另一半），接著馬上放入調味料（豆瓣醬、醬油膏、醬油、番茄醬、冰糖）一起拌炒。

5 讓牛肉、番茄和調味料一起均勻地炒，炒出香氣後，鍋子裡會慢慢出水。這些湯汁來自牛肉和番茄的湯汁，這時轉小一點的火。如果使用的是平底鍋，這時可以將炒料移到湯鍋了。

6 在鍋裡加入開水（或大骨湯），湯汁倒滿後，放入八角、西洋芹（若太長切對半）、月桂葉，蓋上鍋蓋，小火燉煮。不時可打開鍋蓋攪拌一下，煮滾後，再放入另一半的番茄。一開始放的番茄已經融化在湯裡，這個時候加的番茄是為了吃的時候保有番茄的形狀和口感。

7 起另一鍋水煮麵條。將牛肉湯上的浮油撈起來（不想吃太油的話），最後再把八角、西洋芹、月桂葉和一些薑蒜花椒粒撈棄。

8 燙好麵條，牛肉湯也差不多好囉！上桌前再放一點蔥綠，或燙一些小白菜或你愛的青菜搭配都可以。

3

4

6

女王煮婦經

1. 牛肉可以選用自己喜歡的部位，像是牛腱比較Q彈、不肥或牛腩比較軟嫩，隨個人喜好即可。

2. 熬煮牛肉，用開水或大骨湯都可以，我沒時間熬湯所以直接用開水，湯頭也很香甜不用擔心。

About.

我自己很愛吃牛肉麵,所以開始自己做菜後,就一直想著要來做做看牛肉麵,但又怕很難,菜鳥很怕自己做不出來。我媽媽也會自己做牛肉麵,媽媽的味道總是特別有「家」的感覺,跟外面不同,也不會太油,比較健康。當然,家裡自己做的牛肉麵,想要多少肉就吃多少,更過癮啊!所以我也跟媽媽學了家常牛肉麵的作法,牛肉麵有紅燒的、番茄口味的,也有清燉的,我先從清燉的開始學吧!感覺也比較清淡一點。這是我居家版的清燉牛肉麵作法,簡單好上手,基本上只要會切肉、開火,都會煮的,會讓人很有信心!從小吃到大的好味道,真的比起外面不油,蔬菜煮的湯底又健康,喝起來好鮮甜。

清燉半筋半肉牛肉麵

材料

牛腱肉…1 條

牛筋…約 200g

滷包…1 包

八角…2 顆

洋蔥…1 顆（對切再對切）

蔥…2 支（蔥白切段、蔥綠切末）

薑…適量（切片）

紅蘿蔔…1 條（可加可不加）

麵條…2 人份

調味料

鹽…適量

作法

1 把牛腱和牛筋放入冷水中煮滾，一滾就關火，然後沖水洗乾淨，把一些髒東西煮掉。

2 取一鍋水，放入牛腱（媽媽都整條進去煮，之後再切。也可先切好再下鍋也 OK）、牛筋、洋蔥（不要切太小免得等一下不好撈起）、蔥白段、薑片、紅蘿蔔（如果你有牛骨也可以先汆燙後，加入熬湯的行列）。開中火，蓋上鍋蓋燉煮（水不要加太滿免得煮滾後會溢出來）。

3 煮約半小時後，會開始產生香氣，放入滷包或八角，繼續以小火慢燉，蓋上鍋蓋。小火燉煮大約 1 個小時，把湯裡煮爛的的洋蔥、滷包八角或一些浮渣撈起，繼續燉煮，想要吃爛一點的牛筋就要煮久一點才會好吃，我大概會燉到湯頭呈現漂亮的乳白色，最後再加一些鹽調味，撈起邊邊的浮渣即可。

4 等待湯頭燉煮的同時，可以一邊燙麵條、一點青菜或煮一顆水波蛋加到麵裡也很好吃喔！盛碗，灑上蔥花，就很漂亮！

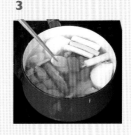

吮指回味的經典料理
台式滷豬腳

記得有次跟另一半去吃了某一家知名的豬腳後,我內心就想著,不如下次來自己滷滷看吧!(現在在外吃到什麼,都想著自己是不是也可以做出來,是一種煮婦的病嗎?哈!)我的另一半很愛吃豬腳,加上我婆婆滷的豬腳也好好吃,所以更激起了我想要自己做做看的念頭(這都是因為愛啊!基本上我自己不太吃豬腳的)。有一個週末,拉著另一半去菜市場買菜,因為我想要買豬腳,請他幫我扛(聽到老婆要滷給他吃,當然要來幫忙扛肉囉),所以我們倆就很開心的去市場買肉。

豬腳其實也分很多部位,沒有骨頭的部位是腿庫肉(又稱前腿肉,比較怕肥肉的人,可以買這個部位,瘦肉比較多,可以跟老闆說你要比較不肥的前腿肉),喜歡有骨頭可以啃、有皮和筋的就是豬腳肉,都可以請肉販老闆幫你處理好(拔毛、切塊)。跟老闆說你要滷豬腳,他就會幫你切好塊囉!

另一半吃了讚不絕口,覺得不輸外面賣的,真的好香好好吃,而且這種慢慢滷的料理,失敗率超低,口味濃淡、甜鹹都可以在滷的時候隨時調整,很方便!我這個廚藝菜鳥都做得出來,大家一定也行的!有機會來做做看吧!

台式滷豬腳

材料

豬腳肉…1 隻（切塊）
薑…約 6 片
蒜頭…約 3 顆（切末）
蔥…2 支（切段）

調味料（依個人喜好）

醬油…1 飯碗
米酒…半碗
冰糖…50g
黑糖粉…少許
八角 + 五香粉（或五香滷包）…1 包

作法

1 將豬腳洗乾淨，放入冷水鍋中，煮到滾，肉的雜質血水會浮出來。滾了即可熄火，整鍋端到水槽，開冷水沖洗，倒掉水。再將豬腳泡入冰塊水，讓肉質 Q 彈。

2 在大鍋（我用很大的鑄鐵鍋）裡倒油，放入薑片、蔥段、蒜末爆香。

3 炒出香氣後，放入豬腳一起炒（豬皮的部位朝下），接著倒入醬油。

4 倒入米酒、1 碗水、冰糖、八角，灑入五香粉，若有滷包也可以放入一起滷，攪拌一下，讓豬腳慢慢上色。材料都放進去後，轉小火，蓋上鍋蓋，慢慢燜煮。（燜煮的時候，每 10 分鐘要打開鍋蓋，攪拌一下，確認每個部位都有滷得均勻。）

5 放入蔥段（滷到最後蔥都會融化），如果覺得豬腳滷的顏色不夠深，想要吃口味重一點，可以再加一些醬油。由於豬肉會出水，所以一開始不要加太多水，如果覺得不夠再慢慢加即可。

6 大約滷 50 分鐘到 1 個多小時，我會在最後加入一些黑糖粉，喜歡有點焦糖味的黑糖香氣。最後將滷包和八角撈起來。

7 熄火，蓋著鍋蓋，繼續燜一下，就可以上桌囉！

1

3

5

婆婆的幸福客家料理
客家鹹湯圓

第一次吃到客家鹹湯圓是來自我一個客家人同學媽媽的好手藝，吃到後驚為天人，連吃了好幾碗，每次到他家都想要請他媽媽做這個給我們吃。他說每個客家媽媽都會做這一道客家鹹湯圓。

沒想到我結婚後，才知道我婆婆也是客家人，所以她的拿手菜也有許多客家料理。真是太幸福了！所以跟著婆婆學到不少她的拿手菜。每當冬至到了，就是要吃湯圓，有甜也有鹹，想念客家鹹湯圓的好滋味，我婆婆煮的客家鹹湯圓好好吃，雖然沒辦法常回婆家，還是打了電話問問婆婆怎麼煮鹹湯圓好吃。

其實每個人的煮法都不同，用有包餡的鮮肉湯圓煮，或是用紅白小湯圓煮都很好吃，冬天可以用茼蒿，夏天就換別的青菜，都可以依照個人喜好放不同的東西來煮，一鍋熱騰騰的客家鹹湯圓就可以大家一起享用囉！吃這個真的很有飽足感，都可以當正餐享用了呢！最喜歡冬天吃茼蒿了，加了滿滿的茼蒿吃起來好過癮啊！喜歡青菜的人，可以多放一點來吃。冬至來煮煮看湯圓吧，簡單又好吃，也是在家裡吃飯的小小幸福！

客家鹹湯圓

材料

桂冠紅白小湯圓…1 盒
小蝦米…適量（泡水）
乾香菇…1 朵（泡水後切片）
茼蒿菜（或其他綠色青菜）…適量
芹菜…適量
蒜頭…適量（切片）
香菜…適量
韭菜…適量
紅蔥頭（或油蔥酥）…2 顆（切片）
豬肉絲…100g

調味料（依個人喜好）

白胡椒粉…適量
鹽…適量
香油…適量
醬油…適量
高湯或水…500ml
米酒…少許

作法

1 倒油熱鍋，爆香蝦米、香菇、蒜片、紅蔥頭。
豬肉絲用米酒、醬油醃製 10 分鐘。

2 放入豬肉絲一起炒香，續入一點點醬油炒出
香氣。

3 加入剛剛泡香菇和蝦米的水，以及高湯（或
開水），煮滾（可準備雞骨或豬骨熬高湯，若
沒有高湯就用水或雞湯塊煮的高湯也可以）。

4 準備另一個鍋子煮湯圓，湯圓煮到半熟再放
入爆香的湯頭。

5 加入芹菜、香菜等，然後放入茼蒿，放入香
油、白胡椒粉、鹽調味（或油蔥酥），就可以
關火上桌囉！

2

5

使用有包肉的鮮肉湯圓或紅白
小湯圓都可以唷！我是使用桂
冠小湯圓。

自用送禮兩相宜
自製水餃

我每隔一陣子就會自己包水餃，一次包大約 100 多顆然後放在冷凍庫保存，可以分送給家人，也可以隨時想吃就煮來吃。水餃大概就是沒有買菜、不知道要吃什麼時，可以隨時拿出來救援的居家料理。

自己包的水餃吃起來就是比較安心。自己包的又好吃、又健康、又衛生，你挑好的肉，搭配你想要的料和自己喜歡的口味，還可以包大顆一點，呵，料多實在！

我喜歡跟家人一起包水餃，坐在桌上一邊包、一邊聊天，也是一件很幸福、簡單的快樂。偷偷告訴大家，我媽包的水餃都被我嫌醜、又包得慢，所以最後我只好叫她去做別的事，我自己包就好了。呵呵！

包水餃不難唷，來跟大家分享我的簡單食譜吧！我喜歡吃高麗菜水餃，所以這裡分享高麗菜水餃作法囉！

自製水餃

材料

高麗菜…半顆大顆或 1 顆小顆（切碎）

豬梅花肉絞肉…約半斤（請肉販絞兩次，一次買約 200 元應該可以包個 60 ～ 80 顆左右）

嫩薑…適量（磨碎或切碎）

蝦米（或櫻花蝦）…適量（泡水後切碎）

水餃皮…約 80 片

作法

1. 將切碎的高麗菜切碎放入大盆子，灑一些鹽，然後以雙手用力壓擠高麗菜，直到擠出水份，倒掉水份瀝乾。

2. 接著，放入肉和調味料。開始攪拌，慢慢地，會散發出香氣，將所有材料、調味料確實混合（比較講究的作法是，攪拌好的肉可以先蓋上保鮮膜放入冰箱冷藏，隔天再拿來包水餃，這樣肉會比較有黏性，比較好包。但如果想要馬上包也 OK ！自己開心就好）。

3. 接著就準備來包水餃囉！水餃只要捏起來就好，想捏多大、多小，個人喜歡就好囉！基本上兩手的大拇指和食指用力一捏，就成形了。怕黏不牢，可以在邊緣用手指沾一點水，這樣捏起來會比較黏得住。

調味料

醬油…半碗

米酒（或清酒）…2 大匙

鹽…2 ～ 3 小匙

白胡椒…少許

香油…2 大匙

（份量可以依照個人喜好，一邊加入肉裡攪拌，一邊用手指沾一下試味道夠不夠）

水餃沾醬

醬油…適量

香油…適量

蒜頭…（切末）

辣椒…（切末）

香菜根…（切末）

辣椒油…適量

4 準備幾個大盤子，上面灑一些麵粉，包好的
水餃放上去才不會黏住。放滿後就上面蓋個
保鮮膜放進冷凍。等到冷凍過後，水餃硬了，
再把水餃一包一包裝起來，繼續冷凍，想吃
再拿出來煮即可。

2

女王煮婦經

1. 加清酒會比米酒香喔，如果有喝不完的清酒可以拿來
用。

2. 最近買了幾瓶剝皮辣椒，突然靈光一閃，可以拿剝皮
辣椒包水餃耶。於是立馬來做個研發「剝皮辣椒水餃」（我
最喜歡東想西想鬼點子來做實驗了：P）。把剝皮辣椒切碎
（但也不用切太碎，稍微切小丁即可），然後把剝皮辣椒
跟肉、高麗菜一起攪拌（有放剝皮辣椒，所以我就沒有放
蝦米了，其實也可以不用放高麗菜，剝皮辣椒和肉應該
就很 OK 了），可以把剝皮辣椒的湯汁倒一點進來攪拌入
味（但不要太多，否則肉會太水不好包），大家也可以試
試看，做出自己喜歡的創意水餃。

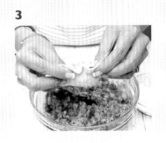

3

3

< 煮婦小幫手 >
Electrolux 手持式攪拌棒，這真是煮婦的好幫手，就是不用
一直切洋蔥、切蔬菜丁，直接用攪拌棒就可以省時省力！
它也是許多名廚指定使用的攪拌棒，雖然我們不是名廚，
但也可以學學名廚用好的料理器具來為自己創造料理的好
心情！

傳承的幸福元寶
自製餛飩

身為一位麵食控，餛飩、水餃、抄手、扁食、鍋貼都是我的最愛，尤其是餛飩，我喜歡吃從小媽媽包的口味，一顆一顆圓圓的，一兩口就可以吃掉一顆，想要喝湯、配麵或配上紅油，都是好味道！

現在開始學做菜，也跟媽媽學了她拿手的餛飩，真的很有家常味！我覺得比外面的好吃呢！（因為自己做的用料非常實在，也可以選用好一點的肉來包。）

一邊包餛飩一邊跟媽媽聊天，原來包餛飩的技法是她跟外婆學的，包起來的餛飩好漂亮，站起來好像金元寶一樣，真美！女兒我也要傳承下去外婆媽媽的好手藝。

好開心可以跟媽媽學到家傳的餛飩，每次包餛飩都有一種很幸福的感覺，餛飩是個又方便又好吃的簡單美食，隨時想吃就煮幾顆，超方便的！可以試試跟你的愛人、家人，一起來包餛飩，自己包的吃起來更有愛的味道喔！

自製餛飩

材料

豬梅花肉絞肉…約半斤（我通常一次買 200 元的
量，應該可以包 50 顆左右）
蔥…2 支（切碎）
油蔥…1 小把
餛飩皮…50 片

調味料

香油…10ml
醬油…20ml
米酒…10ml
白胡椒粉…適量
鹽…適量

作法

1 把所有材料和調味料放進大盆子，用手攪拌，
   努力揉捏著肉。一邊揉捏，可以用手指沾一下
   試試口味，依個人喜好，調整調味料的比例。
   我覺得捏絞肉是一件很有趣的事，捏著捏著，
   飄出陣陣的香氣，真的好期待！

2 接著在空盤上面灑一點麵粉（才不會沾黏），準
   備一小碗開水、肉餡、餛飩皮。

1

女王煮婦經

1. 油蔥，是媽媽自己
用紅蔥頭慢慢炒出來
的油蔥，外面也有賣
現成的油蔥喔！

2. 餛飩包好，上面
蓋上保鮮膜就可以拿
去冷凍囉！冷凍變硬
後，再一顆一顆拿下
來，用塑膠袋裝起來
冷凍保存。

3 包餛飩的方法是媽媽跟外婆學的，我很喜歡這種看起來很像金元寶的包法（家傳的唷！）。

同場加映

餛飩麵
煮好麵條，加一點油蔥、蔥花和芹菜，湯頭滴一點香油、鹽巴、白胡椒，就很好吃囉！喜愛青菜的也可燙一點青菜。單純煮餛飩湯來喝也好棒。肚子餓的時候也可加一顆水煮蛋一起煮，超滿足的！

紅油抄手
醬料可以用醬油、香油、有紅色辣油的辣椒醬（不是豆瓣醬喔），可以先拿個碗依照個人口味調一下比例，調到你喜歡的口味就好囉，最後灑上蔥花辣椒，就完成囉！

3-1

首先挖一匙絞肉放中間，最上面的角落沾一點水。

3-2

對折（留一些距離）折成三角形，沾水的地方就會黏住。

3-3

再往上折一次。

3-4

右邊沾上水。

3-5

兩邊往中間拉，右邊在下，黏住沾水的地方。

3-5

成型，漂亮的金元寶造型餛飩！

媽媽的手工麵，捏出愛的形狀
家常麵疙瘩

About

麵疙瘩聽起來很難，但做起來很簡單。

我的另一半很喜歡吃麵疙瘩，我婆婆和我媽媽都會自己在家做麵疙瘩，久而久之，我也學會了自己在家裡想吃就可以做，真的很方便，只要有麵粉都可以自己捏，也就是說如果忘了買麵條，自己用麵粉也可以做得出來。

這是一道很家常、也很方便的料理，自己捏的麵糰也很 Q、很好吃，不輸外面賣的喔！而且不用在意捏得好不好看，就是要很有「手感」，每個捏起來都不一樣，才有「手工」的感覺嘛！如果有小孩，也可以一起玩捏麵的遊戲，做菜會更有趣喔！

家常麵疙瘩

材料

🌸 **麵糰**
中筋麵粉…適量（隨你要吃的量）
鹽…1 小匙
太白粉…1 小匙

🌸 **配料**（依個人喜好或現有食材）
乾香菇…1 朵（泡水切片備用）
蝦米…10g（泡水備用）
紅蘿蔔…適量（切絲）
蔥…1 支（蔥綠和蔥白分別切段）
小玉米筍…4 支
高麗菜…1/4 顆
菇類…適量
肉絲…1 小把（先用一點米酒和少許醬油醃製備用）

調味料（依個人喜好）
白胡椒粉…適量
鹽…適量
香油…適量

作法

1 將中筋麵粉倒入大盆子裡，加入太白粉、鹽，慢
  慢地一次加一點點水，用手慢慢地捏成糰（不要
  一次加太多水，要慢慢加），捏到麵糰稠稠的，
  有黏性即可，就直接在盆子上蓋一層保鮮膜，放
  入冰箱冷藏備用。

2 先在鍋裡放一點油，續入蔥白、蝦米、香菇，以
  小火爆出香氣（重口味的人，也可以加一點紅蔥
  頭或蒜頭）。如果你用的是鑄鐵鍋，就可以一鍋
  到底，如果是用平底鍋爆香，之後再將炒料移入
  湯鍋。

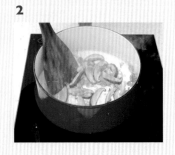

3 香氣爆出來後，放入紅蘿蔔絲（比較不易熟的蔬菜），加 1 小湯匙的熱水（或泡乾香菇的水）。

4 接著放入肉絲，炒到肉絲變色後，就可以加入其他的蔬菜、開水烹煮，若你有自己熬的大骨湯也可以取代開水，煮至滾。

5 在煮湯頭的時候，用另一個鍋子煮水，水滾後灑一點點鹽，然後把麵糰用湯匙或手捏成一小團一小團的丟入滾水中煮。不用在意形狀，隨手捏，就是要不規則才有麵疙瘩的感覺嘛！煮的過程中，不時用湯匙撈一撈麵疙瘩，免得沾到鍋底，等到水滾，麵疙瘩都浮出水面，把麵疙瘩撈起來，放回煮湯頭的鍋子裡（這時候這一鍋也滾了），時間剛剛好。

6 最後以鹽、白胡椒粉、香油調味。再放入蔥綠，煮滾就可以關火囉！

3

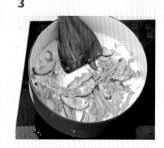

4

5

6

女王煮婦經

1、想要吃麵疙瘩之前，可以前一天先捏好麵糰放冰箱備用，或臨時想吃也可以捏好麵糰放入冰箱等待醒麵的時間，準備其他配料。

2、麵疙瘩其實就看你想要加什麼料，這是很家常的料理，也可以清冰箱，把你想要加入的蔬菜加進去就好囉！

讓人想念起「家」的料理
麻油雞麵線

冷冷的冬天最適合來煮「麻油雞」，這是我最愛的料理之一，也是從小到大媽媽都會煮給我吃的家庭料理。

每次寒流來了，覺得好冷，就想念起麻油雞。在家裡煮一鍋麻油雞，可以一家人一起享用、自己吃也很開心，又可以吃好久，真的是很方便的料理。而且，自己煮的絕對比外面的好吃，我有時會吃外面的麻油雞，還是覺得自己煮的最好吃！

而且，這真的超級簡單的，不會下廚的人也做得出來的「零失誤」料理，多有成就感啊！男生也可以煮給女朋友、老婆吃喔！

通常我會準備一隻雞腿，其實一隻雞腿就可以煮一小鍋了，兩人吃、小家庭吃剛剛好喔，不用一定要全雞，除非人真的很多。

冷冷的冬天，吃個熱熱的麻油雞，實在是很幸福，也很有家的味道。自己煮過一次後，就會知道真的自己煮的比外面買的好吃太多了。

在家吃也特別有溫暖、幸福的感覺，不是嗎？

麻油雞麵線

材料

去骨雞腿…1 隻（超市很容易買到，菜市場也都可以幫你去骨，我個人覺得沒有骨頭比較好切、吃起來也方便。）

老薑…約 6～8 片

麵線…1 人份

調味料

黑麻油…2 大匙（請盡量買品質好一點的麻油，煮起來才香。）

米酒（或清酒）…適量（我通常用「清酒」sake，因為清酒煮起來比較香、湯頭也比較甜不會辣，大家可以試試看用清酒來煮。）

作法

1 將雞肉放入冷水鍋，開火烹煮（不用煮到大滾），煮出肉的雜質、去掉血水，浮出泡泡後就可以關火，取出雞肉備用。

2 倒油（不必用麻油炒，因為麻油炒久了會苦，用一般的油即可）熱鍋（我用鑄鐵鍋煮麻油雞可以一鍋到底很方便），放入老薑，炒幾分鐘，直到薑片散出香氣，變成金黃色。

3 將雞肉塊放入鍋內（建議雞皮朝下）和薑片一起炒。拌炒一下就可以加入黑麻油，份量看個人喜好，大約 2 大匙或約半碗的份量。

2

3

4 炒到雞肉慢慢變色、散出香氣後，皮也有點上色了，就可以加入米酒（我從小吃「全酒」的麻油雞到大，所以我家的麻油雞都是全酒不加水，或許有人不敢吃這麼重，所以可以加水，比例就看個人喜好囉，可以水和酒各半），淹過雞肉即可。

5 加入酒（和水）後轉小火，蓋上鍋蓋，讓它慢慢煮滾。因為有酒，所以要把酒氣煮掉，所以要讓它滾一陣子喔！大約滾個 5 到 10 分鐘，煮好後，也可以加一點點鹽調味，不加也可以。

6 在煮麻油雞的同時，另一個鍋水滾後放入麵線，1 分鐘就可以撈起來，放在碗裡。此外，我會煎個麻油蛋，直接在鍋裡放麻油，小火加熱後打顆蛋進去，煎到自己喜歡的熟度即可囉！

小叮嚀

生理期和孕婦還是不要吃麻油雞比較好喔！

女王煮婦經

麻油雞好吃的秘訣就是，雞肉要好、麻油要好、米酒要好。只要材料好了，人人都可以做出好吃的麻油雞！

4

5

Finish!

我很喜歡喝熱熱的湯（而且一定要很熱，喝到滿身大汗才過癮），從小喝到大最常喝的應該就是媽媽煮的香菇雞湯吧！單純、簡單卻又美味的好味道，每次我都可以喝個好幾碗，暖了胃，也暖了心，結婚後，我也常在家裡煮香菇雞湯，有時回娘家也要媽媽煮香菇雞湯，哈！真的是喝不膩的好味道，而且也是一道幾乎零失敗率的料理，懶得煮的人就通通丟進大同電鍋，讓它自己煮熟就可以了，真的零技巧，哈！為你心愛的另一半或家人，端上一碗熱熱的湯吧！

香菇雞湯

材料

乾香菇…適量（泡溫水軟化，泡過的香菇水留著備用）

去骨雞腿肉…1 隻（兩人份的話一隻剛剛好）

雞架骨…1 付

蔥…1 支（蔥白和蔥綠分別切段）

薑…3 片

紅蘿蔔…1 條（視個人口味，可以增添湯頭的甜味）

調味料

鹽…少許

米酒…少許

作法

1 把雞肉放入冷水鍋裡，煮滾後把熱水倒掉，雞肉再用飲用水沖洗，這樣雞肉會比較乾淨。放涼之後再切塊。

2 起一鍋水煮雞湯，放入雞骨（如果你有雞骨的話可以留著熬湯，沒有雞骨也沒關係）、蔥白、薑片放入鍋煮。煮滾之後，放入紅蘿蔔（不想吃紅蘿蔔可以不放）。

3 接著，放入雞肉、香菇、香菇水，以中火慢煮，煮滾後把蔥綠也放入一起煮，蓋上鍋蓋，以中火煮大約 10 分鐘，之後再用小火慢煮。

4 煮至肉熟，湯也飄出香氣了，就差不多了。最後加入鹽調味，可把湯上面的浮油撈掉（怕胖的話），想要香氣更香，可以加一點點米酒煮開（冬天時加一點米酒會更暖胃），就完成囉！

女王煮婦經

香菇雞湯好喝的秘訣就是一定要買好的雞肉（雞腿肉）和品質好的香菇，要買乾的香菇煮起來才會香，我很喜歡台中新社的香菇，還特地跑去產區買香菇，買到好的香菇真的煮起來超香、超好吃的唷！

2
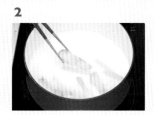

3

3

剝皮辣椒雞湯

材料

雞腿肉…1 隻
剝皮辣椒…2～3 根（切段）
蔭瓜罐頭…2～3 片
薑…約 3 片

調味料

米酒…適量
鹽…適量

作法

1　將雞肉放入冷水鍋，加熱煮到浮出泡沫，即可熄火，將雞肉清洗一下再切塊。

2　起一鍋水，放入薑片煮滾後，放入雞肉、蔭瓜一起煮。

3　煮到滾後，再放入剝皮辣椒一起煮，一開始先不要放太多以免太辣，覺得辣度不夠再加。可加一點米酒煮，最後加一點鹽調味即可。

女王煮婦經

1. 放入一點蔭瓜湯汁可以讓湯頭比較甜，這是婆婆教我的秘訣。

2. 剝皮辣椒煮久了會比較辣，所以不建議一開始都放進去煮，一邊煮一邊試辣度，不夠再加就好。

2　　　　**3**

About.

很喜歡喝雞湯、又愛吃辣的我，第一次喝到婆婆煮的剝皮辣椒雞湯驚為天人！沒想到剝皮辣椒和雞湯煮出來的味道這麼香甜，微微的辣度剛剛好，完全是沒有嘗試過的好滋味。於是請婆婆煮一次給我看，她說真的是隨便煮、很簡單（隨便煮是她的名言，但隨便煮都好美味才是高手啊！），所以我自己也學會這一道湯品，買到好吃的剝皮辣椒可以來試著煮雞湯，會讓你有意想不到的美味喔！做菜真的需要有創意和多嘗試的想法，只要你勇於嘗試，就會發現原來料理也這麼有趣，可以讓你發揮很多自己的想法。如果不小心試成功了，那實在是太有成就感了！我覺得剛開始學做菜真的要「多問」，厚著臉皮問別人怎麼做比較好吃，就會有人熱心的跟你分享。維持美好的婆媳關係就是多問、多請教婆婆料理的作法，婆婆就會很開心的跟你分享，老人家最喜歡晚輩跟他請教了，可以從婆婆身上學到許多料理的技巧，真的讓我覺得受用無窮啊！當然，嘴甜的人就有美食可以吃，所以我每次回婆家都吃得很開心！

記憶裡外婆的好手藝
電鍋蒸蘿蔔糕

我好愛吃蘿蔔糕,可以當早餐又可以當正餐,煎蘿蔔糕加一顆半熟蛋是我很愛的早餐(還要加醬油膏和辣椒)。記憶裡過年時,一定要吃蘿蔔糕,我愛吃乾煎的,也愛吃煮成湯的,是我從小到大過年的記憶。而且可以連續吃好幾天都不會膩。

小時候過年常去外婆家,記憶中外婆很會做蘿蔔糕、發糕、甜糕⋯⋯,她每次都做好多給我們大家吃,每次過年都可以回外婆家一直吃,一盤盤滿滿的蘿蔔糕,就是我最大的滿足。可惜外婆幾年前過世了,在她身體很不好之後就沒有機會再吃到她做的蘿蔔糕,我媽總是說可惜沒跟外婆學到她的蘿蔔糕。真的很可惜,但是我一直很想來自己做做看,於是去料理教室學了蘿蔔糕作法,然後又照著自己的口味做調整。

沒想到菜鳥我第一次做蘿蔔糕,一次就做成功!因為自己在家做,不可能用傳統的大蒸籠,所以用大同電鍋也可以做出比較小版本的蘿蔔糕(其實就很夠一個家庭吃了,因為蘿蔔糕也不能放太多天,吃不了太多,做太多也浪費),想要吃什麼口味、想要什麼料的蘿蔔糕都可以依自己口味調整做出來,真的很方便耶!

給家人試吃後,他們也很捧場說好吃!第一次做有成功,真是令人感到開心不已,我今年過年做了一塊回婆家、一塊回娘家,感謝大家都賞光,也讓我很有成就感。歡迎自己試試看,在家做蘿蔔糕,自己做的一定比外面賣的好吃!跟你們分享我自己做的大同電鍋版本蘿蔔糕!

電鍋蒸蘿蔔糕

材料

在來米粉…約 300g(也可買在來米，以一杯米、一杯水的比例打成米漿)

開水…約 400ml

白蘿蔔…1 條

蝦米…1 小把 (泡過水切丁)

乾香菇…4 朵 (泡過水切丁)

紅蔥頭…少許（切碎）（自製油蔥酥，也可用現成油蔥酥）

臘腸…1 條（也可以用絞肉）

調味料（依個人喜好）

鹽…少許

白胡椒粉…少許

糖…1 小匙

作法

1 將白蘿蔔削皮後，用削皮器刨成絲備用。

2 倒油熱鍋後，把切碎的紅蔥頭放入，小火慢慢的炒到變成金黃色澤，就可以撈起來備用。

3 把在來米粉加水（約 300g 在來米粉配上 400ml 水）攪拌均勻成米漿（或用你自己打的米漿）。

4 乾香菇、蝦米都泡水後切碎，臘腸蒸過後也切碎。

5 熱鍋加一些油後，開始爆香，依序放入蝦米、香菇、臘腸，炒到香氣都冒出來。

6 放入蘿蔔絲拌炒，炒到蘿蔔絲變軟略微透明。接著放入油蔥酥拌炒，再加入鹽、糖、白胡椒調味。

7 接著加入米漿，這時候要轉小火，因為米漿會凝固，炒到變成黏稠狀，會越炒越濃稠到快要變成膏狀時，就可以關火了。

8 烤模內要先塗一點油喔（我買一個長方形可以烤蛋糕的不鏽鋼烤模，剛好可以放入大同電鍋的大小），將米漿倒入烤模，讓它均勻鋪平就好，就可以放入大同電鍋裡面蒸囉！

9 大同電鍋要放約 2 杯水，蒸約 40 至 50 分鐘，跳起來後再燜 10 分鐘（如果你用筷子插一下蘿蔔糕感覺還是很軟的，可以再加熱水進去再蒸到熟一點比較保險），不想要蘿蔔糕滴到電鍋的水可以上面蓋鋁箔紙。

10 從電鍋中拿出來先放著讓它「完全冷卻」後，再從模型中倒出來，就成功囉！

6

7

8

Part.3
小夫妻的簡單料理

為愛下廚，為煮婦則強

以前的我，不喜歡進廚房是怕麻煩、怕髒、怕要洗那些油膩膩的碗盤，在家當小姐的時候很輕鬆，只要吃媽媽煮的菜就好，很多事情都不用做。回想過去，我最怕的就是摸到那些生的肉、生的海鮮，尤其是要去蝦子的腸泥，想起來就覺得很恐怖。（所以說媽媽真的很偉大，這時候要感謝一下媽媽下廚，為我們的付出）

當自己開始當煮婦，以前怕的那些事情都要一一的克服、面對，其實我也可以選擇不要下廚，只要吃外食就好，就不用讓自己那麼累。但自己愛上了料理，就真的不會覺得累，就算會累，也是心甘情願，做得開心。

開始去菜市場買菜，很多事情都要開始學，不認得蔬菜，慢慢的去認識，到了肉攤，看到掛滿了肉都不懂什麼是什麼，根本分不清楚部位。到了魚攤，海鮮都認不得，透抽、章魚、花枝……到底誰是誰？所以一開始都不敢亂買菜，怕不懂被笑，問白癡的問題，所以都直接跟老闆說我要買什麼。

接著慢慢的開始熟了，會分辨得出來肉攤掛的肉是哪個部位，要怎麼挑肉、怎麼跟老闆說才買得到好的肉，怎麼挑菜、比價，這些真的都要花時間慢慢的瞭解。尤其是台灣的夏天超級熱，有時去買個菜就滿身大汗，背部都濕了，提了好幾公斤的菜，真的覺得好辛苦。這時候我才能體會，原來我的媽媽也是這樣買菜、煮飯，照顧我們長大，原來是這麼辛苦的一件事。

後來，我終於買了我人生第一台推車。 因為提菜真的太重了，不得已只好加入媽媽的行列，買一台推車。其實一開始我還有點怕怕的、有點恐懼，覺得

拉著推車是不是會變成歐巴桑，但後來受不了提著
那麼重的菜，我就改變想法了。從害怕拉推車，到
現在拉著推車覺得很自在、很開心，這個過程也真
的是我人生中的一個轉變。（當然，我買了一個很
可愛的推車）

可愛的推車，也能讓買菜
的心情更快樂！

以前在肉攤買肉，我還不敢摸生肉，後來為了搶到
好的肉，我也自己動手抓起了一塊肉給老闆說我要
買這條。那一刻，我真的很訝異，原來我也能克服
一些以前的心理障礙。

從前最怕的蝦子腸泥，現在為了要自己料理，鼓起勇氣開始自己徒手剝蝦殼
（天啊！其實有點害怕），除腸泥，我發現，我一一的克服了以前害怕的事
情，直到現在游刃有餘，快手快腳的處理，一點也不怕了。

我只能說，這大概就是「為煮婦則強」吧！

在我 20 幾歲的時候，絕對想不到，我到現在可以做了這麼多以前不敢做的
事。人生有時候很奧妙，you never know！以前覺得做菜實在是一件很
辛苦的事，但是現在變得很愛煮，有時候另一半說去外面買東西吃好了，我
都會想，如果自己做很快、又好吃，又何必去外面買呢？

可能是天生急性子、動作快，所以我做菜還蠻快速的，所以常在挑戰自己

15 分鐘上菜，或半小時弄個幾道菜來吃。我媽媽看到我現在做菜比她還快，也樂得讓我做給她吃。媽媽辛苦了幾十年，現在換我們能夠做，就好好的回報她。現在我媽媽也很得意自己的女兒可以煮飯給她吃。（當然她總是說，不要那麼累！不要太辛苦啦！）

我想，**婚後改變這麼大，應該就是自己心態上的改變吧！**我覺得好好顧好家庭、顧好另一半很重要，能讓家庭溫暖、有愛，也很重要。

既然是一家人，那麼就別計較太多，如果有能力付出，多做一點又何妨？如果能讓你愛的人感受到幸福快樂，那付出一些努力和用心，可以讓對方、讓自己更幸福，那不是雙贏嗎？

為了愛，去做料理，那真的是很快樂的事。不要把做菜當作義務、工作，或不得不做的事，而是把它當作一件你愛做的事。你就不會有怨言、不會不甘心、不快樂，很多事情，只要你轉換一下心態，就可以轉換你的心情。

當然，如果你不想做，就不要做。不要逼自己，也不要去逼別人做他不喜歡的事。更不要覺得要逼自己做不喜歡的事，覺得犧牲、委屈，然後再去跟對方勒索愛。「因為我為你做了……，所以你要……」這根本就不是一件讓彼此開心的事。

付出不是為了要去換得什麼才去做，而是，你發自內心，快樂且充滿愛的願意去做。這樣的付出，才會得到回應。如果你遇到了對的人，他會懂得珍惜、

感恩。

每一次我在廚房忙的時候，另一半都會大喊：「老婆辛苦了！」、「老婆謝謝你！」，讓我聽了心裡很溫暖，本來很累的事情，都不覺得累了。我真心覺得，即使在一起久了，結婚了，也不要忘了時時懂得感謝（並且要說出來），也要懂得讚美對方。並不是在一起久了就是理所當然，沒有人「應該」為你做的。

其實要好好經營婚姻真的不容易，時時刻刻都要用心。我也常提醒自己，要修正自己不好的地方、要讓自己變得更成熟、更有智慧。絕對不要因為在一起久了、結婚了，就隨便、不用心。婚姻是你多釋出一點善意，對方才會回報你更多愛意。不要當個只想要對方先為你做什麼，你才要去做的人。就算他對你好，也不應該是理所當然的，也不要去消耗對方愛你的力量。

很多人問，為什麼以前不下廚的我，現在轉變這麼大？我想，就是為愛下廚吧！為了愛，讓我們知道，我們有更多的能力和能量，可以成為更棒的人！不是很好嗎？

最鮮甜的台式海鮮湯
海鮮米苔目

海鮮米苔目？這麼有趣的結合！會做這一道菜是因為有一次去吃了一家裝潢美、氣氛佳的餐廳，點了一道「海鮮米苔目」要價不斐，結果吃起來很令人失落，發現，很多餐廳真的是吃氣氛的，要吃飽、要吃得好吃，價格都很貴，也貴得很令人難以想像。所以暗自決定自己回家做做看。

還好，現在會自己做菜了，自己煮真的好吃又省很多，重點是吃得健康又安心。於是過兩天後，我去了菜市場，買了海鮮米苔目的材料，煮出來比在餐廳吃的多好幾倍的海鮮，又豐盛！

所以，去吃了餐廳後，自己再來做，更有成就感！而且這道菜真的很簡單，不需要技巧，完全是「零廚藝料理」，只要買到新鮮的海鮮，做起來就很好吃囉！

身為海鮮控的我，真的好喜歡吃海鮮米苔目唷，沒有米苔目換成米粉也很好吃喔！在家煮一鍋熱騰騰的，感覺很溫暖，又營養健康。基本上這道料理根本就不需要廚藝啊！只要丟進去鍋子裡煮就成功了。所以大家都可以在家當大廚，不是嗎？

海鮮米苔目

材料
蔥…1支（蔥白切段、蔥綠切末）
蝦米…1小把
蛤蜊…適量
蝦子…適量
蚵仔…適量
米苔目…約2人份

作法

1 將蝦子撥殼，蚵仔、透抽洗乾淨，要多洗幾次，把雜質去掉，蛤蜊泡水吐沙。這些前置作業做好，實際烹煮的時間只要10分鐘就可以煮好了！

2 爆香的湯頭作法，可以用蔥白段、蝦米，加一點油（我做菜都用extra virgn橄欖油比較健康）爆香後，炒出香氣再加入水煮滾。（其實比較建議不用爆香的作法，因為我試過海鮮的鮮甜就夠了，直接用水煮滾，也省時間！）

3 水煮滾後，把蛤蜊、米苔目放入鍋煮，接著放入蝦子、蚵仔，海鮮在煮熟的過程會冒出很多泡泡，所以要把湯上面的泡泡都撈掉，湯頭才會乾淨。海鮮都熟了後，泡泡也撈乾淨後，就可以關火！（不要煮太久，海鮮太老就不好吃了。）

4 最後以一點鹽、白胡椒粉、一點香油調味，放入蔥花（或芹菜、香菜，看個人喜好），這樣一鍋海鮮米苔目就好囉！

調味料（依個人喜好）
白胡椒粉…適量
鹽…適量
香油…適量

女王煮婦經

1. 我做了幾次，基本上使用的海鮮有蝦子、蛤蜊、蚵仔（也可以加入透抽），第一次做我還有加上一點肉絲，但後來發現不需要加肉絲，單純海鮮的湯頭比較鮮甜乾淨。材料除了海鮮，也可以看個人喜好，放一點青菜，小白菜是不錯的選擇。

2. 本來有打算放油蔥，因為餐廳裡的米苔目通常放很多油蔥，但自己煮不想吃太油膩，而且只要海鮮夠新鮮，根本不需要加油蔥去增加味道，所以就沒加油蔥了。

3. 海外的朋友應該不熟悉米苔目，這是台灣的料理，一種米做成像麵條一條條的。可以吃甜的也可以吃鹹的，拿來煮湯很好吃唷！如果沒有米苔目，就換成你喜歡的麵類吧！

2 　　**3** 　　**4**

清酒蒸蛤蜊

材料

蛤蜊…1 份（約一碗公的份量）

蒜頭…3 顆（切末）

薑…約 2 片（切絲）

辣椒…1 支（切片）

清酒…約 1 合（180ml）

九層塔或蔥花…適量

調味料

醬油…約 1 大匙

作法

1 將蛤蜊泡鹽水，吐沙後，洗乾淨備用。

2 倒油熱鍋，放入薑絲炒出香氣，續入蒜末、辣椒一起炒。

3 接著放入蛤蜊，迅速倒入清酒、淋上一點醬油，馬上蓋
  上鍋蓋，用中火煮。

4 鍋中蛤蜊差不多都開了後，關火，灑上九層塔或蔥花，
  起鍋盛盤。

2

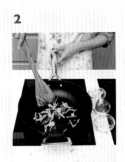

3

3

4

我們最早接觸義大利麵應該都是吃肉醬口味的吧,從小吃到大,才知道原來義大利肉醬就像是台灣的肉燥,都是一種很家常,每一個家庭、每間餐廳都有不同味道的版本。記得到義大利旅行,最常吃到的也是番茄肉醬麵,這是最簡單也是最吃得出真功夫的一道菜。只要番茄肉醬做得好吃,這家餐廳的食物一定很美味。這也是我最喜歡在旅行的時候點的一道料理。做了好吃的肉醬,煮個義大利麵,不管是什麼形狀的麵條,拌起來都是那麼的美味,這就是最簡單、最單純的美好。這樣簡單、家常又健康的料理,每個人都可以做出你自己的家常味,多煮一點肉醬,冰起來想吃就就加熱拌麵,實在是煮婦很方便的料理法寶。而且小孩都好喜歡這樣酸酸甜甜的味道,給小朋友吃都會很受歡迎喔!(保證你吃過自己做的肉醬後,你就會覺得不管去哪個餐廳吃番茄肉醬,還是自己做的最好吃,你的另一半也會這麼跟你説!)

| 最單純就是最美好！|

義大利番茄肉醬麵

材料

牛絞肉（或豬絞肉、牛豬各半）…300g

Extra virgin 橄欖油…約 2 大匙

洋蔥…半顆（切丁）

大番茄…約 3 顆（切丁）

小番茄…約 10 顆（切丁）

番茄糊…約 300ml

蒜頭…3 顆（切碎）

紅蔥頭…2 顆（切碎）

月桂葉…3 片

百里香（或義大利香料粉）…適量

義大利麵（麵條種類依個人喜好）…2 人份

調味料

黑胡椒…適量

鹽…適量

糖…約 1 大匙

紅酒…約 150ml(可略)

Electrolux 手持式攪拌棒，可三秒鐘就將洋蔥切碎，比自己切丁切到眼睛不舒服、切到手酸還要省時省力！推薦使用好的攪拌棒！

Agnesi 義大利拿坡里番茄紅醬、Agnesi 義式蒜香義大利麵醬 - 油漬風乾蕃茄口味，都是我喜歡使用的番茄紅醬。

作法

1 在鍋中倒入橄欖油，開中火，放入洋蔥丁，炒到洋蔥變軟後加入蒜末、紅蔥頭炒香。

2 再加入絞肉，炒到肉變色、收汁後，轉小火，即可加入番茄、番茄糊、月桂葉、百里香、糖、紅酒一起燉煮（若你覺得太乾，可以加入一點點高湯或番茄糊多加一點）。

3 煮到醬汁越來越濃稠，再加入黑胡椒、鹽調味，熄火。

4 起另一鍋水，煮義大利麵，麵熟撈起來放入醬料鍋攪拌，即可放到盤子上享用，或是把麵盛在盤子上，再淋上醬汁也可以喔！

1	2	3	4

到日本旅行時,發現日本人真的很愛吃漢堡排,捏起來厚厚圓圓的,煎起來好香,再淋上有點甜甜鹹鹹的牛排醬汁,還有一些蔬菜配料,滿足感、飽足感十足。

自己研究捏漢堡排,才發現原來這麼簡單,只要準備好材料,用心去捏,不管怎麼捏都美味。而且吃起來又安心、又美味,大人小孩都愛。可以捏一些放冰箱,想吃再拿來煎,也很方便,所以捏漢堡排是我自己很喜歡做的一道料理。

自己用手捏出來的,就是一種幸福與滿足,不是嗎?分享我自己最喜歡的口味,真的很簡單,可以試試看唷!

日式漢堡排

材料

牛絞肉 + 豬絞肉（比例約為 2:1）…約 300g

牛奶…約 100ml

洋蔥…半顆（切碎）

麵包粉（或吐司）…約 100g（2 片）

雞蛋…1 顆

橄欖油…1 大匙

調味料（依個人喜好）

鹽…1 小匙

黑胡椒…1 小匙

醬料 -

番茄醬…3 大匙

紅酒…約 150ml

醬油膏…3 大匙

糖…1 小匙

作法

1 將牛奶倒入調理盆，放入麵包粉或吐司浸泡，泡至軟。

2 將洋蔥、絞肉、蛋、鹽、胡椒一起攪拌，加入牛奶和麵包粉，用手揉捏到成團，呈黏稠狀。

3 將肉團分成幾等分（看你想吃的漢堡排大小），努力拍打出空氣、捏成很紮實的漢堡排。在平底鍋（或鑄鐵鍋）中放入一點油，油熱後，再放入漢堡排，一面煎熟，翻面煎，直到兩面都煎熟。轉小火，蓋上鍋蓋燜，讓它蒸烤一下，即可起鍋。

4 同一個鍋子，以最小的火，倒入醬料的材料攪拌均勻，即可馬上熄火。將醬汁淋在漢堡排上即可。

女王煮婦經

1. 想要知道漢堡排有沒有熟，可以用筷子或竹籤戳一下肉排，若沒有肉汁流出來就是熟了。

2. 可以準備一些蔬菜放在漢堡排旁邊一起享用，營養更均衡。

使用 Electrolux 手持式攪拌棒，可以將洋蔥和一些食材輕鬆切碎攪拌在一起，真的很方便。

天氣冷冷的冬天，最適合吃各種火鍋，我很喜歡可以在家裡自己料理的簡單火鍋，像是壽喜燒就是一個可以自己弄湯頭，又快速、方便的火鍋類型。其實最重要的就是調好自己喜歡的醬汁，就可以煮火鍋囉！這大概是最簡單的火鍋湯汁作法吧，不用熬湯，調好醬汁就可以吃了！

我喜歡日式的吃法，用牛肉沾蛋汁吃，因為壽喜燒本身味道蠻重的，就不需要沾其他調味料了。醬汁在鍋裡煮好後，就可以端到桌上來煮料囉，我用電磁爐來煮火鍋，把鑄鐵鍋直接拿到電磁爐上煮火鍋，放在餐桌上很方便。壽喜燒有分日本關東的吃法和關西的吃法，我這個作法比較像是關東的吃法，關西的吃法是先炒肉片後，才下醬汁，兩種吃法我都喜歡，看個人喜好囉！接著要吃什麼，就可以丟入火鍋內煮囉，可以準備調好的醬汁和水，如果醬汁太乾可以依自己口味加入，但其實蔬菜都會出水，所以不太需要加。壽喜燒的湯汁不是拿來喝的，所以只用來煮料喔，湯汁不需要多沒關係。

今年過年時，我準備了壽喜燒煮給公婆一家人吃，他們沒吃過壽喜燒覺得很新鮮，也吃得很開心，連續吃了兩餐的壽喜燒，真是太捧場了！

| 過年節慶時跟家人一起吃一鍋吧！|

壽喜燒

材料

洋蔥…1顆（切片）

牛肉火鍋肉片（我喜歡買牛小排肉片）…1盒

火鍋豆腐（或板豆腐）…1盒

蔥（或大蒜）…2支（取蔥白切段）

雞蛋…1顆（1人）（沾肉用）

火鍋料 -（份量依個人喜好）

金針菇、香菇、其他菇類、高麗菜、白菜、

紅蘿蔔、筒蒿菜、牛肉丸、蒟蒻絲（或冬粉）

調味料

醬油：水：味醂：清酒

（或米酒）

（比例大約是 1：1：1：1）

糖…適量

女王煮婦經

1. 壽喜燒的醬油很重要，不要使用太鹹的醬油，可以買日式醬油或薄鹽醬油。

2. 雞蛋打在碗裡，要吃肉時可以沾一下蛋汁來吃，所以要買好一點、新鮮一點的雞蛋喔！

作法

1 鍋中倒油炒洋蔥，我用鑄鐵媽媽鍋可以直接炒後當火鍋的鍋子使用，比較方便不用換鍋，將洋蔥炒得呈現漂亮的金黃色。

2 將火鍋豆腐切片（不要切太薄喔），然後直接放入平底鍋中乾煎（若怕沾鍋可以在豆腐表面鋪一點太白粉或地瓜粉）。一面變色後再翻面（不要急著翻面），比較不會把豆腐弄破，兩面都煎成有點焦的顏色後，就可以盛起備用。（我同時一鍋煎豆腐，一鍋炒洋蔥，比較省時間。）

3 洋蔥炒到變色、變軟後，放入蔥白段（或蒜白）一起炒，接著放入所有調味料一起煮。

4 煮醬汁的同時，就可以把所有火鍋料擺盤，加快上桌的速度。醬汁煮好即可上桌了。

2

3

去日本玩的時候，有時為了省錢、圖方便，或臨時肚子餓想要找東西吃，我會去吃平價的連鎖牛丼店，吃一份牛丼，配上一顆溫泉蛋，就是我最喜歡的平民美食，又好吃、又便宜，又有飽足感。但是有趣的是，在日本吃牛丼連鎖店的幾乎都是男生（可能男生食量大，適合吃牛丼吧），所以每次我去吃都會出現只有我一個女生的窘境，不過也無所謂啦！吃得開心最重要！其實自己做牛丼真的很簡單，快速上菜，又好吃，也是帶便當很適合的一道菜。在家裡也可以享有日本牛丼的方便、美味，每個人都可以自己做做看喔！

溫泉蛋牛丼蓋飯

材料

溫泉蛋 -
室溫雞蛋⋯1 顆

牛丼 -
白飯⋯1 碗
牛肉片（火鍋肉片）⋯約 200 克
洋蔥⋯半顆（切絲）
水⋯50ml
薑⋯少許（磨泥）
蔥⋯1 支（切碎）

調味料

醬油⋯50ml
味醂（或清酒）⋯20ml
砂糖⋯適量
七味粉⋯少許

女王煮婦經

1、牛肉片買火鍋肉片，帶些油花不要太瘦，做起來較好吃。

2、溫泉蛋做好如果用不到也可以冷藏保存，下次使用。

3、牛肉不要煮太久，太老、太硬就不好吃了。

作法

溫泉蛋 -

1. 準備一鍋滾水，把鍋子移開火爐後，加入冷水（熱水和冷水比例約 3:1），再將雞蛋用湯匙輕輕的放入鍋中，蓋上鍋蓋，燜大約 10 分鐘。

2. 取出雞蛋，放在室溫大約 5 分鐘，即是溫泉蛋。（準備雞蛋的同時，做牛丼的料，時間剛剛好。）

牛丼 -

3. 在鍋子裡放入所有調味料和薑泥煮滾後，放入洋蔥絲一起煮。

4. 等到洋蔥上色後，轉小火，放入牛肉片，肉炒熟後連同醬汁鋪在白飯上。

5. 再將溫泉蛋打入一個小碗中，將蛋放到牛丼飯上。可依照個人喜好，灑上一些七味粉、放一點點細蔥花或香菜裝飾。

1　

2　

3　

4　

每一次我在家裡做三杯雞，那樣的香氣大概旁邊的鄰居們都聞得到吧！如果是宵夜時間煮三杯雞，那真的
是太邪惡了，所以我稱之為「鄰居會關窗」的料理。這是一道很簡單、很下飯、又很傳統的料理，每個媽
媽或餐廳都有自己的作法和不同食譜，沒有一定，所以只要找一個你覺得最容易又好吃的方式做就好。我
自己的作法是做過了好幾次改良的簡單版本。至於一定會有人問：「為什麼要用醬油膏而不是醬油呢？」
因為我有次在菜市場買雞肉時，老闆問我要做什麼料理，我回答了：「三杯雞」，於是他很熱情的告訴我「撇
步」，就是要用醬油膏才會好吃，最好先淋在雞肉上醃一下更上色、更美。果然菜市場真是煮婦的好朋友，
每個攤販老闆都會很熱心的告訴你怎麼做好吃、有什麼撇步，所以一定要厚著臉皮多問，你會得到很多指
導唷！廚房界的菜鳥沒什麼厲害，只是很愛問、很努力學，勤能補拙，你也會更進步！

三杯雞

材料

雞腿肉…1 隻（切塊）
老薑…約 10 片
蒜頭…8 至 10 顆（切片）
辣椒…2 支（不辣的增色用）（切片）
九層塔…1 小把（沒有九層塔就用蔥花取代）
（若想吃杏飽菇可準備 2 條切塊）

調味料（依個人喜好）

冰糖…1 大匙
米酒…約 50ml
醬油膏…約 3 大匙
麻油…約 2 大匙

作法

1 將雞腿肉洗乾淨後，放在碗裡用醬油膏醃一下，均勻裹上醬油膏備用。

2 熱鍋溫火放油炒薑片，薑炒至金黃色後，加入蒜頭、辣椒一起炒。

3 放入雞腿肉（碗裡的醬油膏也一併倒入），再加入冰糖炒出焦糖色澤，續入麻油一起拌炒。

4 炒出香氣後加入米酒，這時水分會有點多，蓋上鍋蓋，轉中小火收乾，如果想要吃杏飽菇可以這時加入切好的杏鮑菇。

5 燜煮 3 至 5 分鐘，慢慢收乾湯汁，可以打開鍋蓋不時攪拌一下。

6 快收乾就關火，再放入九層塔（或蔥花）拌一下就可以裝盤了。

女王煮婦經

1. 麻油不要一開始就放，因為炒久了容易苦。

2. 用醬油膏而不是醬油，因為上色會比較漂亮，水分也不會那麼多。

3

1

2

4

說起來，這道食譜還是我的妹夫教我的，他家裡曾是做辦桌的，所以很會做菜。妹夫廚藝也很好，我也會跟他請教。有一次去他們家吃到麻油雞炊飯，讓我吮指回味！央求他教我做這道菜的方法。我很喜歡吃麻油雞，沒想到配上飯一起煮，飯吸收了麻油雞的湯汁，真的太好吃了，很像是燉飯的作法，但是多了放進電鍋蒸煮的步驟，讓飯更軟嫩，也很方便。我自己試過用煮過的白飯（冰過的），拿來做麻油雞燉飯（就像是西式的燉飯作法）也很好吃，或做成炒飯的模式，也很不錯。所以說料理真的很有趣，可以自己隨意做變化，只要做得好吃，誰說不能有自己的方法呢？想要來個台式的燉飯嗎？想要吃麻油雞又想要有飽足感，那麼就來做個古早味麻油雞炊飯吧！

麻油雞炊飯

材料

米…2 杯
土雞腿肉…1 隻
老薑…1 大塊

調味料（依個人喜好）

米酒…約 100ml
開水…約 100ml
鹽…約 1 小匙
糖…少許
麻油…約 2 大匙
香油…約 1 大匙

作法

1 米洗淨後瀝乾。老薑洗乾淨後，連皮切片。

2 雞腿肉稍微沖洗去血水，在滾水裡放入薑片，再倒一點酒進去，然後把雞肉放下去汆燙，汆燙後撈起備用（要用滾水，讓肉表面快速收縮）。

3 倒油熱鍋，倒入香油後再加入老薑片，用中小火將薑片慢慢煸香，直到邊緣微焦，薑片呈現金黃色。

4 倒入燙過的雞肉塊一起炒，炒到雞肉散發出香氣，這時候就可以倒入麻油，以及剛剛瀝乾的米一起炒，在炒的過程當中慢慢加麻油，直到雞肉和米都裹上油香。

5 炒香之後，以鹽調味，拌炒均勻後，再加入少許的糖提味。

6 將所有材料放入大同電鍋的內鍋中，續入酒和開水。接著外鍋放 1 杯水蒸煮，等電鍋跳起來後，燜 10 至 20 分鐘，掀開鍋蓋將所有材料攪拌一下即完成。

女王煮婦經

若喜歡酒味重一點的，酒：水的比例是 3：1，不喜歡酒味的就各放一半就好。鍋內的水分比例是米：水大約等於 1：0.7。

About.

青醬是我很喜歡去義大利餐廳吃義大利麵時點的口味,因為喜歡這種清爽、帶一點小小辛辣的重口味感覺,自己學會怎麼做青醬後,發現青醬實在太簡單、也太好用了,除了用來做義大利麵、做燉飯,甚至抹在麵包上都覺得很好吃。做好的青醬冷藏在冰箱,想吃就拿來用,真的很方便!每次吃著青醬,就有一種好想去義大利的感覺,想要在陽光下坐在露天的座位吃著義大利麵,喝著冰涼的義大利白酒,享受那種悠閒、放鬆的感覺。這樣的幸福感,居然吃著青醬就可以達到,真的很有趣。我喜歡青醬剛端上桌的香氣,那一刻真的覺得,能夠享受美食,真是天大的福氣!

青醬海鮮義大利麵

材料

青醬 -

九層塔（或羅勒葉）…1 大把約 50g

鯷魚罐頭…1 罐

腰果（或松子）…約 30g

Extra virgin 橄欖油…約 200ml

帕馬森起士粉…適量

鹽…1 小匙

黑胡椒…少許

蒜頭…3 至 4 顆

義大利麵 -

義大利麵…適量

橄欖油…適量

蒜頭…約 2 顆（切片）

白酒…半杯

蛤蜊…適量

蝦仁…適量

透抽…1 尾

女王煮婦經

1. 使用 Extra virgin 橄欖油製作比較香，也比較健康、美味。

2. 買羅勒葉不方便的話，使用九層塔就可以製作。不必為難自己！

3. 松子不方便買的話，使用腰果也是很棒的選擇，挑選沒有調味的腰果，不要買到蜜汁腰果或市售的零食口味腰果喔，我很喜歡「腰果妹」的腰果，原味不鹹不甜的口感，當零嘴或拿來做料理都很不錯！

作法

青醬 -

1 將九層塔（或羅勒葉）洗乾淨陰乾，松子（或腰果）直接放入鍋子（不必加油）小火乾煸，煸到變成焦糖色、散出香氣後，取出備用。

2 把所有青醬的材料放入果汁機或調理機中打碎，如果太乾的話可以豪邁的倒入 extra virgin 橄欖油會比較好打（油放多一點青醬比較好保存），打好後就可以取出裝罐。

義大利麵 -

3 取一鍋水煮滾後，放入一點點鹽、義大利麵，
煮至大約 7 至 8 分熟即可（比包裝上建議的煮
麵時間少 2 分鐘）。

4 倒入橄欖油熱鍋，爆香蒜片，接著放入海鮮料
後，倒入白酒，蓋上鍋蓋燜熟。

5 將義大利麵放入鍋中一起炒，這時候再放青醬
一起拌炒，即可熄火。

「腰果妹」是很健康的零食，利用真空慢炸的技術，只用
少量的鹽與糖，採用真空油炸。避免高溫變質與氧化，所
以吃起來一點也不油膩。少油少糖，健康無負擔。我也拿
來做青醬的材料，比松子更容易取得，口感也美味香脆！

Sao Mamede 特級初榨橄欖油，葡萄牙進口的特級冷壓初榨黑橄欖
油 (Extra Virgin Olive Oil)，採用低溫冷壓來萃取橄欖油，不破壞橄
欖本身裡面的營養價值，我自己也愛用。一定要用好的橄欖油，
做出來的料理才會美味！好油是不能省的！

Electrolux 伊萊克斯大師系列果汁機，可以根據食材選擇最適當的
程式及時間，也內建最佳攪拌食材秒數程式，LED 時間顯示裝置搭
配倒數計時功能。許多名廚愛用的多功能果汁機，拿來打青醬醬
料快速又方便。

About.

每當去曼谷旅行時，我都會跑去吃水門市場旁知名的泰式油雞飯，其實在泰國街邊很多地方都吃得到這樣的小吃，大家都會稱之為泰國版的海南雞飯，因為看起來很像海南雞飯，但吃起來的感覺、沾的醬料都完全不同。我好喜歡到泰國旅行，總是跟喜愛去泰國的好姊妹開玩笑稱泰國為祖國，因為我們實在太喜歡到那裡走走了，其實去了也不是為了什麼，只是想吃吃道地小吃、路邊攤、曬曬太陽享受那種慵懶的氣息。泰國總是讓我思念不已，每當忙碌、很累的時候，都很想買張機票就飛去，只要好好的吃吃路邊攤，享受那種又酸又辣的好滋味，就很開心了！

泰式油雞飯

材料

去骨雞腿肉…1 隻
水…750ml
蒜頭…4 顆（剝皮即可）
紅蔥頭…6 顆（剝皮即可）
香菜…3 支（取根部）
薑…約 5 片
小黃瓜…1 條（切片）
白蘿蔔…半顆（切塊）
泰國米 (Jasmine Rice)…1.5 杯

調味料（依個人喜好）

鹽…適量
白胡椒粉…適量
魚露…2 小匙
椰糖（或一般糖）…1 小匙
沾醬 -
黑醬油…1 大匙
蒜末…1 小匙
薑末…1 小匙
香菜根…適量
檸檬汁…1 小匙
椰糖…1 小匙
辣椒…1 根（切碎）

作法

1 煮一鍋滾水，將洗乾淨的的雞腿肉、雞骨頭、鹽、蒜頭、薑片、紅蔥頭、香菜根放入一起煮，煮滾後轉小火，取出煮熟的雞腿。將雞腿放入冰塊水中冰鎮。

2 雞湯內加入魚露、椰糖、白蘿蔔塊繼續煮。

3 在平底鍋中放油（若你有雞油也可以使用，若沒有就用一般的油），加入蒜末煎到金黃色後，倒入泰國米，倒入一些雞湯拌炒，加入鹽，炒到米大約 8 分熟，湯都差不多收乾。

4 把米放入大同電鍋，倒入雞湯（大約蓋過米 1 公分的厚度），外鍋 1 杯水，開始煮飯（若你使用鑄鐵鍋就可以一鍋到底，直接炒、加湯煮飯）。

5 取出冰鎮的雞肉切塊。製作沾醬,將沾醬
材料拌在一起即可。

6 飯煮好後蓋一碗放在盤子上,鋪上雞肉,
旁邊可切一些小黃瓜,配上沾醬就可以吃
了。剛剛煮好的白蘿蔔雞湯盛一碗,灑一
點白胡椒粉、香菜葉即可一起享用。

女王煮婦經

1. 如果 1、2 人吃,一隻雞腿就夠了,不用用到全
雞,因為全雞不好切。

2. 泰國香米若買不到,就用你自己喜歡的米吧,自
己吃方便比較重要。

3. 椰糖其實很推薦買一下,台灣就買得到。香氣
很棒,甜度也夠,也是很健康的調味料喔!

COCO FRESCO 有機椰子糖,椰子糖在
烹飪料理也非常適合,適合高血糖有
控制糖類攝取的人們食用。椰子糖內
含豐富礦物質含鉀、鈣和鎂,味道也
比一般糖香甜美味。

deSiam 泰式魚露,泰國料理怎麼可以沒有魚露,但是
在台灣魚露似乎不太容易買到,deSiam 是在超市就可
以買得到的好用魚露。

餐搭酒的 Marriage

喜愛美食，也熱愛品酒的我，覺得能在享受美食的同時，也能搭配適合的酒，享受餐和酒的搭配，那是多麼幸福的事啊！

因為喜愛品酒，所以上了一些專業的品酒課程，葡萄酒、清酒相關的認證課程都讓我學習到很多。在學習品酒的過程也慢慢瞭解自己的喜好（找到自己喜歡的類型很重要），也讓自己增廣見聞，多涉獵許多，增長自己的知識。

酒和餐的搭配，有人稱為 Marriage，就好像結婚一樣，美好的搭配，就會擦出意外的美麗火花，如果不搭配，瞬間覺得酒不好喝了，菜也不好吃了。餐搭酒，沒有一個固定的模式，也沒有絕對的對錯，更不是因為價格高就一定好、一定搭，當然也不是什麼餐就一定要搭什麼酒。紅酒一定要配紅肉，白酒一定要配白肉？我覺得是在你當下的環境、用餐氣氛，和你們的口味、菜色，去選擇一個大家都覺得適合的一款酒。

酒這種東西，適量與適當，在你愉悅的時候，搭配美食享用，絕對是加分也是美好的體驗。但是，如果你今天心情不好、狀態不佳，就不要硬要喝酒。我覺得享受美食和美酒，都要有一個美好的心情，心情不美好，什麼都不美了，更不會為你帶來美好的經驗。

當然，你也可能像我一樣，如果心情低落，吃點美食可以讓自己療癒、開心起來，那麼，就讓美食美酒當你生活的啦啦隊吧！當作轉換自己的心情，也是一件令人愉悅的事。

餐搭酒的專業，真的是一門學問，所以如果自己沒有把握可以搭配得好，其實在餐廳都可以詢問侍酒師，請他幫你點的餐選擇適合的酒款。其實不用害羞，可以跟他説出你喜歡的喜好、口味，或不喜歡哪些口味的酒，還有也不要害羞説出你大概的預算，不用假裝大方，因為説出你真正的需求，才能讓侍酒師做出適合你的選擇。

如果你要帶酒去參加晚餐或聚會，臨時要去賣酒的商店買酒，除非你真的很清楚自己要買什麼酒，但一般人進去後只會覺得這一片酒海，搞不清楚要怎麼挑、要買什麼。所以可以大方的跟門市人員説出你今天要去吃什麼料理，請他介紹適合這個料理的酒款，當然也要説出你大概的預算，這樣對方比較方便幫你選。如果我們不夠專業，就可以大方的尋求專業的協助，不用覺得不好意思喔！

因為我們都不是專家，就算喜歡品酒，我自己也覺得懂得永遠不夠多，很多沒喝過、也不瞭解的產區。所以我也常需要請教熟悉酒業的朋友，或自己做一下功課。去上品酒的專業認證課是一種讓自己學習的好機會，也可以讓你認識一些跟你有同樣興趣的朋友，一起參與一些餐搭酒的活動和品酒會。

分享一些我自己餐搭酒、帶酒的經驗談：

✿ 看目的

如果説要慶祝什麼（生日、特別的慶祝會……），我會帶一瓶香檳去參加，如果是女生的聚會，我會喜歡帶粉紅香檳。如果比較有預算就買香檳，不想

花費太高就買氣泡酒。還有一點很重要，不要以為女生都一定喜歡甜甜的氣泡酒，我自己（包括我身邊的女生朋友）都不愛甜的氣泡酒，喜歡酸度高的香檳。所以要瞭解一下朋友之間的喜好很重要。

如果有特別要紀念什麼事情，你可以選擇對他有意義（譬如說年份酒），或他喜歡的產區，或你已經知道他的口味了，就直接帶對方會喜歡的酒款就好。

還有，用餐的品酒目的是要認真品飲，還是大家隨性喝就好，也是不同的。要瞭解一下聚會性質和目的，也是一種禮儀。

✿ 看對象

如果要帶酒與朋友分享，看對象帶酒是很重要的。平常你就會知道朋友的喜好和對酒的瞭解，還有，他平常都喝什麼酒。所以這也是一種對朋友的瞭解。

如果是對酒沒什麼涉獵的朋友，我就會帶那種一般人喝了大致上都很討喜（當然也不會太難懂或太貴）的酒。有些酒需要時間醒，需要知識，也需要某一程度的愛好，如果隨便開給沒有興趣、不懂的人喝，有點可惜，他可能也不會喜歡。

如果是你很重視的朋友，你很重視這一頓餐會，你可以好好的選擇、準備，若可以知道菜單或知道這一餐主要是吃什麼，你就可以先準備好搭配的酒款。這也是對對方的一種尊重。

❀ 看共同參與的朋友

有時候餐搭酒的聚餐，朋友們都會自己帶酒來參加，這時候你要先瞭解大家都帶什麼酒，有時候你可以避開同類型的酒款（因為你想要一頓飯吃下來，可以喝到不同的酒款搭配不同菜色），你也可以知道大家帶的酒的價值和價位在哪裡，帶差不多價值的酒來與會，才不會失禮。

如果大家都有默契，可以一起討論、分配帶的酒款，譬如說有人帶香檳、你帶紅酒，這樣事先討論好，也是更方便省事的。

❀ 看你去的餐廳性質

餐廳的類型和性質也和你能不能帶酒、帶什麼酒有關，如果餐廳沒有專業的好杯子，你帶了好酒，沒有適合的杯子，也是破壞了好酒的味道，會很可惜。

我有些朋友還會自己帶杯子，如果餐廳沒提供他想要的杯子，至少他還可以用自己的。

有些餐廳就不適合帶太貴重的酒，因為氣氛和環境都不適合，譬如說你在路邊熱炒店想細細品飲一杯布根地紅酒（還要醒酒的），那真是太辛苦也不適合。如果餐廳沒有提供冰桶，那麼，你帶一瓶沒有冰的香檳，那溫度不對，喝起來就很難喝。

如果只是在很隨性平價的餐廳想要喝酒，就學學義大利人在路邊小館用隨性的杯子喝葡萄酒（當然你就帶不難懂、易飲的酒款），不需要因為環境就限

制了自己，或堅持一定要怎樣才對。其實，要有開心的心情享受美食美酒，才是最重要的。

我覺得，學習餐酒搭配，是一生的功課，因為真的不容易。但也不要給自己太多的設限，要多嘗試，多體驗，你才能找到最適合自己味蕾的味道。

美好的餐酒搭配讓你的生活多了很多的樂趣，也讓餐點變得更有靈魂，我也不斷學習其中的奧妙，在每次料理時，想著可以搭配什麼酒來一起享用，覺得這是很有趣的一件事。

Cheers ～一起享受美食搭配美酒的樂趣吧！

（飲酒過量有害健康，喝酒不開車，開車不喝酒）

Part.4
美好 Brunch
在我家

在家吃早餐是一件很浪漫的事

吃早午餐是一件很流行的事，以前我也喜歡跟大家一樣找個不錯的餐廳吃早午餐。但是台北的餐廳真的是一有名氣就很容易客滿，常要等半天才吃得到（或排不到），所以漸漸澆熄了我出去吃早午餐的慾望（我很不喜歡排隊或等太久，忍受不了飢餓啊）。

開始自己在家料理後，覺得早餐自己動手做其實也很方便又快。平常要上班的日子，我會幫另一半準備簡單的早餐讓他帶去公司吃，通常我會做的就是吐司或饅頭夾蔥蛋，有時候夾一些肉鬆或肉片，這是最省時快速的早餐，也很有營養。然後再帶點水果放他包包裡下午可以吃。

如果是放假日，早上比較有悠閒的時間做早餐，我就會準備得比較豐盛一點，再打個蔬果汁，或者是自己現磨、手沖咖啡。最近在想要不要來學做麵包，讓自己「手做」的東西多一些，也能控制食材，吃得更營養健康。

以前覺得非得要去漂亮的餐廳吃飯，才是浪漫，現在覺得，兩個人輕輕鬆鬆的在家聽著音樂，慢慢吃著自製的早午餐，也是一件很舒服的事（重點是不用排隊、也不用等）。

天氣好的時候，打開窗戶讓陽光曬進來，吹個風，再放個 Jazz 樂，就是多麼棒的享受！有時候在家裡，要自己找一些讓自己開心的事情，換個不同口味的早餐，換一套你喜歡的家居服，偶爾換一下不同的心情和感覺，也是一件很有新鮮感的事！

我覺得吃早餐很重要，一天的開始就用好好的吃一頓早餐當作開場，保證一整天都有好心情，也充滿活力。而且，不吃早餐並不是瘦身的方法，你會營養不均衡、沒有活力。人家説早餐要吃得像皇帝，雖然説我們不可能吃到那麼豐盛，但該有的營養還是要有。

我也喜歡平日的早上，送另一半上班出門後，我再一個人慢慢的做早餐、吃早餐，在餐桌上好好的思考一整天的計畫，還有思考很多生活上的大小事。再細細品嚐自己做的每一口，好好的放鬆、思考，對我來説，也是寫作的充電方式。

以前覺得出門吃大餐很浪漫，現在覺得在家裡簡單的吃吃，也是一種浪漫。當然我不會每天下廚，偶爾還是出去吃吃，但我也很喜歡跟另一半説：「晚上回家吃飯吧！」或他不知道要吃什麼時，我回答他：「回家吃飯就對了！」每次他一到家就有一種要「開獎」的心情，能夠期待著回家可以吃到另一半做的菜，這樣的幸福，大概是吃頂級餐館所無法比擬的吧！

在家吃飯也是一種約會。如果你愛一個人，早一點點起來，花個 10 分鐘為他做個簡單的早餐，就算只是烤吐司，也是一種用心，也是一種感動！

如果可以聞著食物的香味起床，那不是最浪漫的事？

蛋餅算是我最喜歡吃的台式早餐之一,從小到大在外面買的早餐通常都會選擇蛋餅。但是我發現手工的蛋餅皮並不多,通常外面賣的都是冷凍的蛋餅皮,吃起來味道也不同,於是我想要自己做做看蛋餅皮,這樣想吃早餐就可以自己做了更方便,因為材料也很簡單。

我發現很多看起來很難的料理,其實做起來都很簡單,重點是你願不願意自己去做。就像是做蛋餅,其實自己做根本不需要什麼技巧,比例份量也都是隨意,只要調好麵糊倒入鍋中就成功了,厚薄自己決定即可。這道早餐讓我知道,只要願意,很多事情真的比你想的還容易,如果做一個簡單的早餐可以讓家人得到更多溫暖,讓自己享受更健康美味的料理,何樂而不為呢?

古早味蛋餅

材料

中筋麵粉…約 150g

開水…約 200ml

地瓜粉…1 小匙

雞蛋…1 顆

蔥…適量（切碎）

調味料

鹽…1 小匙

作法

1 將麵粉和地瓜粉拌勻，慢慢地分次加入水拌勻，拌成水狀的濃度（不必太濃稠）。

2 加入雞蛋，再拌勻，續入鹽攪拌，喜歡蔥的人也可以放入。

3 倒少許油熱鍋後，即可倒入 1 大匙的麵糊，快速搖動鍋子讓麵糊均勻蓋滿鍋子（一開始用大火，之後轉成中或小火即可）。

4 原鍋放油直接打入一顆雞蛋（或加入你喜歡的料，如火腿、培根或玉米）炒一下後，放上一片蛋餅皮，將蛋餅皮捲成長條狀。

5 將蛋餅切片，淋上你喜歡的醬料（醬油膏、辣椒醬）即可。

女王煮婦經

若想要吃比較 Q 的口感，可以將中筋麵粉換成高筋、地瓜粉換成太白粉，吃不完的麵糊（還沒煎的）就直接放保鮮盒內，或放入碗裡封上保鮮膜，放入冰箱冷藏即可，想吃再拿出來煎。煎好沒吃完的蛋餅皮，也是可以放入冷藏或冷凍，下次再使用。

2
3
4
4

About.

以前我很喜歡週末去知名的餐廳排隊吃早午餐，最喜歡點的就是「班尼迪克蛋」這道料理，好吃又很有飽足感，聽起來是很厲害的一道菜，也感覺很難做的樣子。

但自從自己學會做「班尼迪克蛋」，很高興我可以在家自己做這道「看起來很厲害」的早午餐，其實學起來後，自己也可多加變化，換不同口味，在家就可以享受「免排隊」的 Brunch，多幸福啊！

班尼迪克蛋

材料

雞蛋…3 顆
無鹽奶油…約 100 克（將奶油加熱煮成液體狀）
開水…1 小匙
檸檬…1/4 顆（榨汁備用）
英式馬芬麵包…2 個
洋蔥…半顆（切絲）
燻鮭魚或培根片（依個人喜好）
醋…適量

調味料

鹽…1 小匙

女王煮婦經

使用新鮮的雞蛋可以煮出漂亮的水波蛋。

作法

1 先來製作荷蘭醬(Hollandaise sauce)，攪拌盆放入 1 顆蛋黃、開水，用打蛋器手打將蛋黃打到變色、出現氣泡。

2 利用隔水加熱的方式，拿個鍋子煮沸水，將攪拌盆放上方利用蒸氣加溫，然後慢慢加入融化的奶油，一次次慢慢加入、攪拌，一直到呈現濃稠的感覺。

3 最後加入檸檬汁、鹽調味（也可加一點點辣椒粉，依個人喜好）。

4 接著製作水波蛋，在鍋中裝水，滾後轉小火，倒入一點醋。把蛋打入碗中，用筷子在水裡旋轉呈現漩渦形狀，快速將蛋倒入鍋中央煮，就可以形成漂亮的水波蛋（熟度依個人喜好即可）。\

5 將烤過的馬芬麵包切開，放上洋蔥絲、水波蛋、煎過的培根或燻鮭魚，或任何你喜愛的沙拉類蔬菜，淋上荷蘭醬，擺盤即完成！

l

2

4
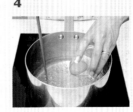

這是我平常最常做的早餐，通常是另一半要出門上班前，我睡眼惺忪的走到廚房快速完成的一道早餐。做好包起來給他帶去上班吃，時間差不多他盥洗完，換好衣服要出門，就可以做好的早餐。所以這是非常方便又快速的早點！我真的是饅頭愛好者！饅頭是我很愛吃的主餐＋點心，身為麵食控的我，實在很愛饅頭的傳統味道。這道最簡單的愛心早餐，快速蒸個饅頭夾蔥蛋或加肉鬆，或加任何你喜歡吃的火腿、培根等食材，也可以煎一塊排骨夾蔥蛋，又有飽足感、又美味。重點是，帶著熱騰騰的饅頭在身上，吃著另一半做的早點，那樣的感覺絕對不是外面買早餐可以比擬的！也試著做一個屬於你家常的「肉蛋饅頭」給家人帶早點吧！

肉蛋饅頭

材料

饅頭…1 顆

雞蛋…1 顆

蔥花…適量

豬里肌肉片…1 片

作法

1 將豬里肌肉（可以請肉攤幫你切厚片）用一些米酒、醬油、白胡椒粉、五香粉、蒜頭、砂糖，隨性的依照個人口味將肉醃一下，可以醃起來、包好放在冰箱冷藏，事先醃好，想要吃就可以直接拿出來煎很方便。

2 將饅頭放到電鍋，外鍋加水蒸。

3 將蔥和雞蛋放在碗裡一起攪拌均勻，平底鍋放油，煎蔥蛋。趕時間的話，也可在鍋中另一半一起煎里肌肉。

4 將蒸好的饅頭拿出來切半，夾上肉片和蔥蛋，就是好吃的肉蛋饅頭。

3
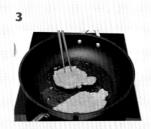

3

很推薦「雙喜饅頭」兼具美味及安心，食材很實在、又有許多安全檢驗的證明，讓我們家人吃了很放心。口感柔軟，不是走很硬的路線，很適合長輩和小孩吃。每一顆份量都蠻大、價格合理（煮婦很重視 CP 值），好吃又有飽足感。雙喜饅頭無添加防腐劑、人工色素和香精、以及化學膨鬆劑，不使用不健康的添加物，12 項產品均通過，令人安心。樸實踏實的饅頭，真的百吃不膩，找到好吃又安心的饅頭，真是很開心，值得與你們分享！

Part.5
簡單也能上手的
宴客菜

私廚料理，在家也能有餐廳的享受

自從我開始喜歡在家做菜，朋友紛紛叫我開私廚料理做給他們吃，感謝那麼多人的鼓勵和捧場，所以我也很愛做親朋好友喜歡吃的料理，外送或請他們來吃。送給別人自己親手做的東西，比較稀有吧，所以他們收到的時候都很開心！

我笑稱自己家的不對外營業私廚叫做「**很高興嫁給你**」私廚，為什麼取這個名字呢？因為我的另一半有一次去上海出差，去了一間「很高興認識你」餐廳，聽說是知名的作家韓寒投資的餐廳，生意很好，開了很多分店呢！我就笑說，那我來開一家「很高興嫁給你」私廚好了，不對外營業，客人只有我老公一位。哈！

朋友笑說，我的另一半很有口福，只要他指定想要吃什麼，我都會努力變出來給他吃。我說，他大概是上輩子有造橋鋪路，所以這輩子我是他的許願池。不過說是私廚，也過獎了，只是煮婦我隨性的煮煮東西，做出興趣，只好一直做下去。（笑）

其實現在也很流行私廚料理，我跟好朋友們也喜歡處處嘗鮮，吃吃私廚料理，這也是一種很有趣的體驗。私廚最特別的就是，往往只有一桌客人，就好像到朋友家裡用餐一樣，就真的在他們家吃飯的感覺。可以特製菜單，享用那一種到朋友家被盛情款待的感覺。

我也很喜歡在家裡招待好朋友或親人來用餐，我一點也不覺得麻煩，反而還覺得這樣好有趣，我可以先想好菜單，當天早上去採買食材，到了下午好好

的備料，做前置的準備。最重要的是，還可以趁這機會好好打掃家裡，弄一些漂亮的花藝、擺設，我也很講究餐桌上還要擺好配好顏色的桌墊、成套餐盤，還有要喝酒用的各種酒杯，簡直是媲美餐廳的服務。我很享受這樣的過程。

在朋友要來之前，也要先想好做菜的順序，在腦海中演練一下，有什麼可以先處理好的，有些要現場煮的，這些都很重要。對我來說，累歸累，但是聽到朋友說好吃的滿足感，就讓我的疲憊一掃而空。我很喜歡付出的感覺，讓我覺得可以讓別人開心，自己也很開心。

曾經遇過一個法國優雅的女人，雖然已經白髮蒼蒼，但還是保有優雅的品味和外型，她經營著一座城堡般的私廚（那的確是一座城堡），她講究著家裡每個擺設和細節，還有美麗的器皿杯具，我記得她那時說的一句話，她很享受著生活，所以重視這些美麗的細節。也記得曾遇過一個也是很有品味，懂得生活，學識很豐富上了年紀的女性，她說：「**生活就是要講究。**」因為對於生活細節的講究，所以努力讓生活更加的美好，並把這樣美好愉悅的感覺帶給家人朋友。我很欣賞他們這樣用心生活的價值觀。

我想，就算我們沒有很高的資本可以買那些昂貴的家具或美麗豪華的房子，但是我們可以用我們自己的努力，將我們的小窩布置得更溫馨，或買一些不貴但是很能增添氣氛的生活家飾，讓我們自己看了開心。小小的居家美學，就可以打造一個不一樣的感覺，即便只是點一個浪漫蠟燭，或用一個美麗的餐盤，當下的氣氛就不同了。我很喜歡用心經營居家的生活，找一些超值又

有質感的小家飾來布置，讓自己的廚房和家居空間多一點美感，是一件很快樂的事！

喜愛居家美學也可以感染對方，一起為了家庭，用心去整理、清潔，布置居家，我覺得這是一個很正向的影響力。比起你去唸對方、責備對方為什麼不維持清潔，不如讓對方一起跟你把經營家庭當作一件快樂的事。互相鼓勵、讚美，其實要男人幫忙做點家事一點也不難啊！

很多時候男人很想幫忙，但我們不懂得「分配」任務給他們，或他們幫了忙，雖然沒達到我們的標準，但我們不懂得讚美鼓勵對方。那麼到後來，就變成自己辛苦自己煩。我覺得，家是兩個人的，如何聰明的運用言語的智慧，讓對方也參與，也樂於跟你一起分享「將家庭變得更好」，這真的是經營感情的一個智慧啊！

就像是我們做了一桌的料理，做完了料理雖然很累，但也不要擺臉色給對方看，一直提自己的辛苦，抱怨別人不懂得感謝。當你越這麼做，你只會讓家人的壓力更大，讓你的菜變得更不好吃。我覺得這樣實在太可惜了！

不如來將自己的廚房命一個名吧！「愛的廚房」、「溫暖的窩」、「辣媽私房菜」……，就像我自己命名為「很高興嫁給你」私廚，把做菜當作一件很快樂、有成就感的事，與你的家人、另一半一起分享廚藝的樂趣，請他們也一起參與、一起幫忙，這樣你們更能一起享受料理的樂趣（和料理的辛苦），用料理串起家人的感情，不是很棒嗎？

在家也能有餐廳的感受，並不是我們能做的跟餐廳一樣好，跟大廚一樣厲害，而是，我們也願意提供一頓充滿愛的料理，就算會做失敗、不專業、不美觀，但，用心、樸實、有溫度就是家庭料理的特色啊！

廚房可以串起一個家庭的溫度，也是家人的港口、避難所，情感交流的好地方，因為有愛，所以煮婦們才有繼續前進的動力啊！

也不要忘了給你們家的煮婦、煮飯給你吃的家人一個鼓勵，最大的鼓勵就是：「好好吃！」、「好想回家吃！」、「可以再做一次給我吃嗎？」

為愛料理，是最幸福的一件事。

私廚料理就是料好實在！

最簡單的開胃小點
義式番茄麵包

這是我最喜歡的開胃點心！如果有招待朋友來家裡吃飯，在朋友剛到時，還沒上菜，可以先給大家吃一點番茄麵包墊墊肚子當開胃菜。這也可以先準備好，放在桌上給大家享用，讓大家吃點開胃小點心、喝點迎賓酒，你才有時間去準備後面的料理。

這也是很健康又沒什麼熱量的小料理，一定要使用 extra virgin 橄欖油，對身體很好，多食也不會有什麼負擔，我自己是 extra virgin 橄欖油的愛好者，一定要多用一點才好吃！

這簡直是零難度的料理，只需要烤箱即可（如果沒有烤箱，也沒關係，買一條新鮮的長棍麵包就好），人人都可以做出自己口味的義式番茄麵包。清清爽爽的吃著，有一種好像在歐洲喝杯開胃酒、吃著義式麵包的悠閒和自在，期待著等一下可以吃什麼大餐！

義式番茄麵包

材料

法國長棍麵包…1 條（切片）
小番茄…約 20 顆
Extra virgin 橄欖油…適量
羅勒葉（或九層塔）…適量（切碎）
蒜頭…約 3 顆（切末）
洋蔥…約半顆（切末）

調味料

黑胡椒…適量
鹽…適量

女王煮婦經

口味都是隨個人喜好做調整，也可以淋上一點點義大利巴薩米克醋增進口感，橄欖油可以盡量使用，挑選好的 extra virgin 橄欖油是美味的關鍵。

作法

1 將番茄切碎，放入碗中，倒入橄欖油、九層塔、鹽、胡椒、蒜末、洋蔥末一起攪拌入味，再調味一下（一邊調味一邊試味道，試到你喜歡的口味）。

2 將麵包片塗上一些橄欖油放進烤箱，烤到酥脆後拿出來，在每一片麵包上放上一些剛剛調好的料，即可裝盤上桌！

São Mamede 特級初榨橄欖油，葡萄牙進口的特級冷壓初榨黑橄欖油（Extra Virgin Olive Oil），採用低溫冷壓來萃取橄欖油，不破壞橄欖本身裡面的營養價值，我自己也愛用。一定要用好的橄欖油，做出來的料理才會美味！好油是不能省的！

如果有喝不完的紅酒，冰在冰箱隔夜又
不夠好喝了，怎麼辦？那就拿來醃雞
肉、燉雞吧！吃過法國廚師做的道地紅
酒燉雞，讓我一直無法忘懷這個味道，
沒想到雞肉配上紅酒也會有這麼美妙的
組合？真的是要試了才知道。覺得這道
菜很適合家人歡聚或朋友來時的宴客
菜，甚至聖誕節也好適合，燉了一大鍋
一起分享是一件很幸福的事呢！

簡易版法式紅酒燉雞

材料

紅酒…約 1 瓶

番茄糊…100g

洋蔥…3 顆（切塊）

紅蘿蔔…2 根（切塊）

新鮮百里香…1 至 2 支（綁成香料束）

蘑菇…約 200g(分開切塊）

培根…約 5 片（切丁）

蒜頭…約 3 顆（切碎）

全雞…1 隻（切塊）（若吃不了全雞，可以改用雞腿肉 1 隻，比例縮減至 1/3 即可）

調味料

鹽…適量

黑胡椒…適量

水…適量

作法

1 前一晚先醃雞肉，將雞肉洗乾淨，把雞肉放入調理碗，倒入紅酒，放入切塊的洋蔥、紅蘿蔔、百里香香料束、番茄糊，封上保鮮膜，放入冰箱冷藏。

2 放一點油熱鍋，煎雞肉（雞皮朝下），煎到雞皮上色再翻面，雞肉煎得差不多熟後取出備用。

3 同一個鍋子（雞油保留），放入蒜末炒香，再放入醃過的洋蔥、紅蘿蔔、培根一起炒，炒出香氣。

4 炒到食材開始變軟後，將雞肉、炒料還有醃雞肉的紅酒醬汁（千萬不能倒掉，要留著燉雞）放入燉鍋，再淋上紅酒，蓋上鍋蓋，用中火煮滾後，再轉小火燉煮，這時再加入蘑菇。

5 你可以將整個鍋子（如果是可以進烤箱的鍋）放入烤箱，約 180 度烤 30 分鐘（蓋上鍋蓋或蓋上錫箔紙），若沒有使用烤箱，也可以直接以小火蓋上鍋蓋煮 30 分鐘。

6 起鍋前，在鍋中灑入一些巴西里葉或一些香料裝飾即可上桌。

1	2	3	4

燉飯種類非常多，我覺得最好上手的、又人見人愛的大概就是這一道「松露野菇燉飯」，光聽名字就覺得很厲害！材料也很多元，喜愛菇類的就可以買各種你喜歡的菇來做，在超市可以買到很多鴻喜菇、美白菇、蘑菇，通通都可以拿來燉飯。算是很方便的一道料理。我的家人都吃過我做的燉飯，我妹說外面餐廳的燉飯沒有我做的好吃，真是太感動了。其實美味往往就是要用好的「食材」來做菜，用好的橄欖油、奶油、米、酒，還有滿滿愛心來做菜，這跟外面餐廳吃的感覺就不同了，這就是不專業的家常菜美味之處！希望每個人都可以做出屬於自己的燉飯，讓吃過的人說：「比餐廳的還好吃」唷！

松露野菇燉飯

材料

米…大約 1 杯（2 人份）

洋蔥…半顆（切丁）

各種菇類…適量

奶油…適量

白酒…約 50ml

雞高湯…約 200ml（若有準備雞高湯可以拿來用，或雞湯塊的高湯，或用水皆可）

松露油或松露鹽…適量

鮮奶油…50g

調味料

鹽…適量

黑胡椒…適量

作法

1　放入橄欖油、奶油熱鍋，續入洋蔥丁，慢慢炒到散發出香氣，呈現微微的金黃色。

2　放入生米拌炒，分次加入水或高湯拌炒，收乾就再慢慢加入，不要一次加太多水，不斷的拌炒。接著加入菇類，繼續拌炒，淋上白酒。

3　繼續拌炒、收汁，加一些鮮奶油。（可以一邊吃吃看米心的硬度是不是你要的，我喜歡米不要煮太爛，有點米心、粒粒分明的口感。）

4　最後加一點松露橄欖油或松露鹽增加香氣。灑上鹽、黑胡椒，就看個人口味囉！

女王煮婦經

1. 生米洗好即可，但如果用的是進口 Risotto 的米就不用洗可以直接用，聽說這樣比較能保留澱粉口感。不一定要用到進口的 Risotto 專用的米，我自己試了別種米煮起來也好吃，米好吃最重要，台灣的好米也可以拿來燉飯喔。

2. 其實煮的過程不會花太多時間，大約 20 分鐘左右，就可以上桌了，但是重點是要一直不斷的在鍋前拌炒，所以需要專心注意的一道菜。

義大利 Gradassi 白松露油、Savini Tartufi 松露鹽，都是我愛用的調味料。（產品資訊 http://www.yiman.com.tw/buono-italy/）

1　**2**　**3**

海鮮控無法拒絕的澎派美味
創意西班牙海鮮燉飯 Paella

有一次公婆來家裡作客，記得婆婆說沒有吃過燉飯（因為婆婆擅長中式料理，所以我就做西餐給她吃），於是我偷偷的準備了「西班牙海鮮燉飯」來給她驚喜，其實我也很緊張，因為很久沒做了，怕做得不好吃，這樣就太糗啦！於是認真的思考了一下之前做過的燉飯程序，想了想該怎麼做，列出了採購清單，當天一早就去菜市場買菜備料。

其實做菜很快，花最多時間和心力的都是在「備料」的準備部分，想要有新鮮的海鮮，就一定要當天去市場買才會好吃。

婆婆是料理高手，她的中菜做得超好，我也跟她學了不少，每次回婆家她都煮好多我愛吃的給我吃，我真的是上輩子燒好香遇到好婆婆，所以我一直都很感激、很珍惜。這次婆婆難得來我家，當然要做菜給她吃，要做她比較少吃的西式料理，讓她有上餐館的感覺，哈！沒想到我的西班牙海鮮燉飯，居然成功了！真是太開心，讓他們吃得津津有味、盤底朝天，讓我好有成就感呢！

其實做菜真的要準備要花時間，也要用心，對我來說，也是一種練習和耐心的訓練，當然，也讓我很有成就感，能夠為家人帶來快樂就是我最大的快樂了！

歡迎大家照著我的方式來做做看，成功率很高、失誤率很低喔！相信你們一定會成功，做出一道滿意的海鮮燉飯！

創意西班牙海鮮燉飯

材料

蛤蜊（或海瓜子）…約 20 顆

蝦子…適量（去殼，開背去腸泥）

透抽…1 至 2 條（請魚販清乾淨去皮，不要切開喔，因為要自己切成一圈圈的才可愛）

雞腿肉…1 隻（請肉販去骨、切塊，去掉的骨頭可以拿來熬湯）

生米…1 杯（4 人份，因為配料很多，可以用義大利的燉飯米，不講究也可以用台灣的米也不錯吃）

洋蔥…1 顆（切丁）

紅黃色彩椒…各 1 顆（切丁）

蒜頭…約 2 至 3 顆（切末）

番茄…2 顆（切丁）

番茄泥罐頭…半罐

黃檸檬…1 顆

不辣的辣椒…1 支（切片）（裝飾用）

綠色花椰菜…1 小株

蘑菇…適量（對半切）

白酒…1 杯

調味料（依個人喜好）

紅椒粉…適量

薑黃粉…適量

番紅花…1 小撮（泡水泡出顏色）

作法

1 將雞腿骨頭放入小鍋子，加水滾沸，倒掉滾水，因為會有浮渣，再加一次水熬湯備用。

2 放少許油熱鍋煎雞腿肉，皮朝下煎，煎到肉快熟有點金黃色就取出備用。

3 同一個鍋，放一點點油，煎蝦子和蝦頭，煎至快熟、呈捲曲狀就可以取出備用。

> **小叮嚀**
>
> 孕婦不能吃番紅花喔！

> **女王煮婦經**
>
> 海鮮燉飯有很多不同的作法，每個人加的海鮮材料也略有不同，其實都是看個人喜好，沒有一定（我在西班牙吃到的每一次都是不一樣的海鮮飯，每一家都有自己的作法），所以要不要加雞肉，或加什麼海鮮，都可以看你自己想吃什麼，方便就好，不需要太拘束喔！

4 煎過的蝦頭放入雞骨湯中，開小火繼續熬，熬至湯頭呈咖啡色，非常的鮮美。煎蝦子產生的蝦汁也不要浪費，倒入湯鍋裡一起煮，即完成燉飯用的高湯。

5 將整條的透抽下同一個鍋子煎，煎至快熟拿起來，再切成一圈一圈備用。煎透抽產生的湯汁也都倒入湯汁鍋裡一起煮。

6 同一個鍋子，放入蒜末、洋蔥丁拌炒，炒到洋蔥變金黃色再加入番茄丁。

7 再加入番茄泥（不用也可以，或加入自製番茄泥，看你方便就好），煮到番茄開始糊了，加入紅椒粉、薑黃粉，繼續拌炒。

8 放入洗好的生米一起拌炒，一邊拌炒、一邊加入高湯，一次一次慢慢加，湯汁收乾再加，重複這個步驟。

9 放入彩椒、蘑菇一起拌炒，再加入炒過的雞腿肉。不斷拌炒，炒至當你覺得米的感覺快要達到你要的軟硬度的 80%（就是還沒到達你要的軟硬度，但是再一些時間就好了），轉中小火。把蛤蜊、蝦子、透抽鋪在飯上面，隨自己的喜好排列。

10 蓋上鍋蓋，慢慢燜煮，等到蛤蜊開了就馬上熄火，繼續燜一下，就可以上桌囉！最後擺上燙熟的花椰菜、切片的黃檸檬、不辣的辣椒片、灑上一點點切碎的巴西利葉（也可用捏碎的綠花椰菜）裝飾。

西班牙 Syren 番紅花絲，番紅花被視為與黑松露、鵝肝、魚子醬世界三大美食並列的頂級食材，有「香料女王」之稱，是全世界最昂貴的香料。加在燉飯裡只要幾絲就好，泡水就會呈現漂亮的金黃色。

開啟我料理魂的第一道菜
紅酒燉牛肉

「紅酒燉牛肉」算是我剛開始學做菜最喜歡做的料理,也是開啟我「料理魂」的一道菜。

除了我自己很愛吃以外,身邊的朋友也很喜歡吃我做這道菜。這道菜聽起來很難,但其實做起來比想像中簡單。我自己做了十幾次了吧,做給許多親友品嚐過,試過很多作法、也試了不同的蔬菜來燉煮,所以略有心得,可以跟大家分享。

做起來真的很簡單唷,大家都可以試試看!我的家人吃過我煮的後,在外面吃到紅酒燉牛肉都說沒有我自己做的好吃,真是太巴結了,哈!

這一道菜做好後,可以吃兩餐了吧,燙個義大利麵、或配白飯、麵包沾著醬吃,就好,有肉有蔬菜,真的煮一鍋就搞定。是不是很方便呢?

紅酒燉牛肉

材料

牛肋條…2條（切塊）（看你要煮的份量多寡而定，
也不用買太多，因為還要放很多蔬菜）

番茄…約 2 顆（切塊）

洋蔥…1 顆（切塊）

紅蘿蔔…1 至 2 條（切塊）

馬鈴薯…1 至 2 顆（切塊）

蘑菇…適量

番茄糊…1 碗（可在超市買現成的進口番茄糊）

高湯…1 碗（可煮你喜歡的高湯來用，或用水也
可）

麵粉…約 50g

西洋芹…2 支

櫛瓜…1 條

綠色花椰菜…半顆

調味料（依個人喜好）

黑胡椒…適量

羅勒…適量

迷迭香…適量

月桂葉…適量（新鮮或
乾燥都可，也可加義大
利香料）

紅酒…約半瓶（看你喜
好挑選）

鹽…適量（創意作法用
一點點醬油增色加味也
很不錯）

作法

1 如果有時間，前一天晚上先用紅酒、月桂葉、
迷迭香醃牛肉（放入冰箱冷藏），如果沒有時
間醃肉也沒關係。

2 把醃過的牛肉拍一點麵粉（不想弄髒手，可以
拿個塑膠袋裝麵粉把肉放進袋子裡搖晃，均勻
裹上麵粉就好囉）。

1

2

3 倒油熱鍋，煎牛肉，煎到表面熟了取出備用。

4 在燉煮的鍋子（我用鑄鐵鍋）裡放一些油（我用橄欖油），放入洋蔥塊炒，炒到洋蔥變成金黃色，香氣散出來。

5 續入紅蘿蔔塊、馬鈴薯塊一起炒，再放入番茄塊繼續炒。

6 放入牛肉一起炒，這時候加入紅酒（紅酒可以分次加不要一次加）、番茄糊，淋入高湯或水、滴一些醬油、月桂葉，灑上香料和黑胡椒。

7 轉小火，蓋上鍋蓋，慢慢燉煮，不時可以打開鍋蓋攪拌一下，以免黏鍋，喜歡紅酒味重一點的人，可再陸續加入紅酒煮。以小火煮 20 至 30 分鐘左右。

8 最後加入蘑菇、西洋芹等蔬菜（看個人喜好囉），如果要放綠花椰菜，可以先燙好，最後起鍋前再放入，以免煮太久會變黑不好看。想要吃軟爛一點要煮個 1 小時，不要吃太軟爛大約 40 分鐘差不多就可以吃囉！

3　　　　4

6　　　　8

女王煮婦經

1. 喜歡番茄的人，可以加入很多小番茄來燉煮，也很好吃喔！

2. 每次用的紅酒都是剛好喝剩的，都是自己喜歡喝的紅酒，很多讀者問要用什麼紅酒，其實就用自己愛喝的（因為剩半瓶可以吃飯時倒來喝，或一邊做菜一邊喝，不用太貴，但是要是你喜歡的口味，這樣煮出來的紅酒燉牛肉就會是你喜歡的味道。但是我發現，你用的紅酒越好喝，煮出來的燉牛肉也會比較好吃喔！

3. 等燉牛肉快好時，就可以準備煮白飯或義大利麵（筆管麵、貝殼麵都很適合）來配。熱騰騰的端上桌，真的超好吃！配上貝殼麵、法國麵包，真的好好吃、好飽足啊！吃不完放涼後再放進冰箱，放涼了隔天吃再加熱會更入味，我覺得也不錯吃，所以不用怕一次吃不完囉！

記得第一次吃到道地的西班牙烘蛋，是 20 出頭跟好姊妹一起去西班牙自助旅行時，去找一位在西班牙唸書的女生朋友，她帶我們到處吃吃喝喝（真是令人懷念的青春時光啊），那時候吃了很多非常道地的西班牙美食，第一次吃到西班牙烘蛋，那美味感受我到現在還難忘呢！

沒想到朋友笑笑的跟我說：「你知道這是什麼口味的烘蛋嗎？」我傻傻的說不知道，她笑說這是牛睪丸切碎放在裡面做的烘蛋，頓時我傻住了，不知道該說什麼。覺得聽起來很恐怖，但沒想到吃起來卻是這麼美味，所以也不管了，入境隨俗，就吃吧！

回台灣只要看到有賣西班牙菜的餐廳就想要點烘蛋來吃吃，但不容易吃到好吃的烘蛋，所以我一直也很想自己做做看這個在西班牙很家常的菜。這個作法是我目前吃到很喜歡的作法，與你們分享囉，當然，你也可以試試看牛睪丸口味的烘蛋（笑）！

| 令人又愛又恨的烘蛋 |

西班牙烘蛋

材料

馬鈴薯…1 顆（切片）

雞蛋…3 顆

洋蔥…1 顆（切絲）

鹽…適量

Extra Virgin 橄欖油…3 大匙

鮮奶油…適量

作法

1 在平底鍋中放 3 大匙橄欖油，放入馬鈴薯和洋蔥絲，炒到呈現金黃色，加一些鹽，關火放著備用。

2 在大碗裡放入雞蛋、鮮奶油、一點鹽，攪拌成蛋汁。（蛋汁和煎馬鈴薯洋蔥大約是 1:1 的比例）

3 再將煎好的馬鈴薯洋蔥放入蛋汁裡攪拌，在剛剛的平底鍋放一點橄欖油，轉中火，倒入馬鈴薯蛋汁，用筷子輕輕地攪拌蛋汁，讓它慢慢均勻的凝固。

4 蛋汁慢慢凝固的同時，用刮刀沿著鍋子邊緣刮一下烘蛋，起鍋時比較好脫落不沾黏。

5 蛋大約半熟就先關火，在鍋子上方蓋上鋁箔紙或一個比鍋子大的盤子，燜大約 10 分鐘。（如果有準備其他的菜可以這時先去忙別的）

6 再度開火加熱，用盤子蓋住鍋子，翻過來，將烘蛋倒入盤子中，這時可以看到表皮煎得很漂亮的顏色。然後再將烘蛋滑回去鍋子中，煎另一面。大約烘蛋表面鼓起沒有凹陷，就完成了。最後把烘蛋沿著鍋子邊緣滑入盤子上即可。

1

2

4

6

6

這一道西班牙日常料理,很類似西班牙海鮮燉飯(Paella)的作法,但把飯改成了麵,讓喜愛麵食的我很愛這道菜。將義大利麵折成一小段一小段的短麵,煮起來有完全不同的的口感,非常有趣。

我在做這道料理的時候,覺得充滿趣味的部分居然不是做料理,而是把麵折斷這件事,自己玩了起來停不下來,哈!其實一樣的料理作法,換了個材料、換個創意的作法,呈現起來又是一個不同的趣味,料理和生活哲學很多相似之處,不是嗎?

吃膩了海鮮燉飯,那就換個麵吧!沒有飯就煮麵吧!料理和生活都是隨手可得、沒有侷限,也沒有既定模式,照自己心意去讓自己和身邊的人快樂。

有什麼就做什麼,不按牌理出牌的創意,讓你的料理多了點隨性自在、個人風格,同樣一道菜,每一次都有不同的感受!

瓦倫西亞海鮮燉麵

材料

洋蔥…半顆（切碎）

紅椒…1 顆（切丁）

黃椒…1 顆（切丁）

番茄…1 顆（切碎）

義大利麵…適量（粗的圓長麵，折斷約 3 公分長度）

海鮮高湯…1 小鍋

番紅花…1 小撮

蛤蜊…適量

蝦子…適量（去殼）

調味料（依個人喜好）

西班牙甜椒粉…1 小匙

白酒…約 100ml

鹽…適量

黑胡椒…適量

作法

1　將義大利麵折成 3 公分的長度。

2　倒入橄欖油熱鍋，放入洋蔥炒到上色，接著放入甜椒、番茄一起拌炒。

3　倒入一些海鮮高湯，煮滾後放入麵條、甜椒粉、番紅花一起燉煮。

4　高湯分次慢慢加入，等麵條收乾水分後再加一次，慢慢燉煮。

5　麵條大約煮到半軟，轉小火，加入蛤蜊、蝦子一起煮，倒入白酒（可加可不加）。

6　等到蛤蜊和蝦子都熟了，麵條也差不多熟了。再灑上少許鹽、胡椒或一些香料（如巴西里葉）調味，即可熄火上桌。

女王煮婦經

海鮮高湯可參考書中 P.230 海鮮高湯的作法，若真的沒有時間做高湯，快速作法就用準備材料的蝦頭來煮高湯即可使用。

法式鹹派是我在法國旅行時，在路邊的小麵包店常會看到的一道「家常菜」，看起來不漂亮、不精緻，但吃起來卻意外的好吃，又有飽足感。而且，我從來沒有吃過同樣口味的鹹派，可見這是多麼有創意的一道「小吃」！

鹹派可以當正餐，又可以當點心，早餐吃、晚上吃都可以，放冰箱想吃就拿來烤一下吃，是個很方便享用的料理。自己做了一個也可以吃個一兩天，真的是很隨性方便的小吃啊！

我每一次做鹹派也都試著放不同的配料和口味，每一次都有不同的驚喜，你也可以試試看做一個你自己口味的鹹派。料理最有趣的地方不是照本宣科，而是隨性的發揮自己的創意，做出屬於你的味道。

| 法式街邊小吃的滋味 |
法式鹹派

材料

（約 6 吋的模型，厚薄的派都可看個人喜好！）

麵糰 -

低筋麵粉…150g

無鹽奶油…50g

鹽…1 小撮

細砂糖…1 小撮

雞蛋…1 顆

冷水…約 20g

內餡 -

鮮奶油…40g

雞蛋…1 顆

牛奶…60g

鹽…1 小撮

帕馬森起司…15g

Pizza 用的起司條…適量

黑胡椒粉…適量

肉豆蔻磨粉…適量

（起司用量依照個人喜好）

配料可以依照個人口味放入洋蔥、蘑菇、培根、火腿、彩椒、蘆筍、菠菜等。

作法

麵糰 -

▎ 在調理盆中放入切小塊的奶油、鹽、細砂糖、過篩的低筋麵粉，再放入冰箱冷藏備用（約 10 至 20 分鐘）。

> **女王煮婦經**
>
> 1. 這是依照個人喜好所製作的鹹派，內餡材料都是可以任意地加，沒有一定的規則。
>
> 2. 可以買比較不會太高的模型來做鹹派，比較快烤好。
>
> 3. 派皮要厚要薄都可依照個人喜好來做，有人喜歡厚皮，有人不愛吃皮，所以都可以依照自己的喜好來做喔！

2 取出，拿刮板用切的方式將奶油和麵粉切成散沙狀，然後再混合成麵糰。將麵糰揉成圓形，以保鮮膜包覆，放入冰箱冷藏約 20 分鐘後，取出。

3 在桌上灑一些麵粉，將麵糰桿成圓形，然後放入模型中鋪好。拿叉子在模型底部戳一些洞。再將塔皮放入 180 度的烤箱，烤約 10 分鐘後取出備用。

內餡 -

4 將蘑菇和洋蔥絲拌炒，炒出香氣。

5 在調理盆中放入雞蛋、牛奶、鮮奶油、起司、鹽、胡椒、肉豆蔻粉一起攪拌均勻。

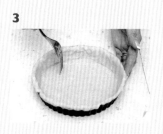

6 將所有餡料放入塔皮中。

7 放入 160 度的烤箱烤約 40 分鐘，只要中間的餡料凝固沒有流動即可。

Part.6
宵夜料理、
清冰箱的魔法

做這一道菜其實也是美麗的意外，有一天我媽找我回家吃中飯，但我回家後發現桌上沒有菜，原來是我媽一時遇到了「瓶頸」，翻了冰箱半天，還不知道要煮什麼吃好。有些常做的菜又吃膩了，正想著要不要出去買中餐時，我跟我媽說：「沒關係，我來煮！」

於是翻了翻冰箱，用現有的食材，效法 Jamie Oliver 的精神 15 分鐘快速上菜，做出來一道我媽和我妹都吃到盤底朝天的義大利麵。

其實義大利麵我最喜歡吃的口味就是橄欖油清炒的，不會負擔太重，沒有醬料，又可以吃到食物原味，當然方便也是一個重點。相信每個人都可以變化出自己的「15 分鐘上菜」不同版本，多練習，做菜本來就是發揮即興的創意嘛！

雞肉時蔬蒜辣義大利麵

材料

（主要以現有食材為主）

Extra virgin 橄欖油…適量

雞腿肉…半隻

花椰菜…1 顆

美白菇（或鴻喜菇）…適量

蒜頭…2 顆（切片）

辣椒…1 支（切片）

火腿（或培根）…1 片（切丁）

長條型義大利麵…2 人份

調味料

鹽…適量

黑胡椒…適量

女王煮婦經

建議使用 extra virgin 等級橄欖油才好吃唷！

作法

1 在平底鍋淋一點橄欖油，將雞腿肉的雞皮朝下放進去煎。另一湯鍋裝水，等水滾煮麵。

2 雞肉煎熟後取出備用，鍋中的雞油留著，再加一點橄欖油，爆香蒜頭辣椒，接著放入火腿（或培根）、花椰菜、美白菇一起炒。

3 香氣散出來後，義大利麵也差不多快熟了（不要煮到全熟，大約 6 至 7 分熟即可），將麵放入平底鍋內一起拌炒。

4 加入煎好的雞肉一起炒，以鹽、黑糊椒或一些義式香料、辣油調味，看個人口味。麵要保留一點彈性，不要炒太軟比較好吃。

5 最後淋上一點橄欖油就可以上桌囉！

2

3

4

義式蔬菜湯聽起來很厲害，看起來也很厲害，其實是一種「丟進去一起煮」就一定好吃的簡單懶人料理。只要煮久了就會好吃，一點也不怕失敗啊！這也是想要控制體重的好料理，只要喝湯就很有飽足感，又有營養，又充滿了蔬菜，可以煮一大鍋分好幾次、幾天喝，我有時覺得自己吃了太多大魚大肉，就會喝一天蔬菜湯來讓身體好好休息。我笑說這是我自己的瘦身湯，喝了完全不會有罪惡感（其實也從來沒有過），也可以告訴自己真的很營養、很健康，重點是，它還很美味，喝起來又有餐廳的感覺，真的是非常超值、受歡迎的一款湯品啊！

義式蔬菜湯

材料

番茄…4 顆
洋蔥…1 顆（切末）
蒜頭…2 顆（切末）
培根…2 片
紅蘿蔔…2 根
蘑菇…適量
高麗菜…半顆
玉米筍…約 5 支
西洋芹…1 根
水…約 750ml
義大利番茄糊…約 200ml

調味料（依個人喜好）

Extra virgin 橄欖油…適量
黑胡椒…適量
鹽…適量
義式香料粉…適量
月桂葉…3 片

〈煮婦小幫手〉
使用 Electrolux 手持式攪拌棒，可以將洋蔥丁和一些蔬菜切碎，省去自己用刀切的麻煩，方便又好用。

作法

1 將所有蔬菜都切成小塊狀備用。

2 倒入橄欖油（可多放一點）熱鍋，先炒切丁的培根，炒出香氣後，加入洋蔥丁，再加入蒜末一起炒。（我使用鑄鐵鍋可以炒好煮湯一鍋到底，若沒有，可使用平底鍋炒，再移入湯鍋內）

3 炒到洋蔥變軟，香氣都冒出來後，開始炒蔬菜，從比較不容易熟的開始炒，依序為：紅蘿蔔、玉米筍、高麗菜、西洋芹，最後放入番茄一起炒。

4 炒到蔬菜開始變軟出水後，加入水（或雞高湯）、番茄糊、月桂葉，蓋過所有食材（湯的多寡都可以自己調整）。

5 開中火煮滾後，蓋上鍋蓋轉小火慢慢煮，灑上義式香料粉，放入蘑菇繼續煮。

6 撈起月桂葉，加一點鹽和黑胡椒調味。上桌前在湯表面再淋上一點橄欖油提味。

About.

這是我覺得最受歡迎的下酒菜,我到小酒館也很喜歡點這道菜,吃西班牙料理也會出現「蒜香橄欖油鮮蝦」這樣的菜色。喝一杯紅酒或啤酒,快速炒一道這道料理,真的令人食指大動。蒜味蘑菇炒蝦要好吃的秘訣就是炒出蝦油,口味要重,其實很像外國式的熱炒,如果你想要台式一點,就在最後放入一點九層塔,味道也很棒喔!

|嗆辣夠味的火花|

蒜味蘑菇炒蝦

材料

Extra Virgin 橄欖油⋯適量
草蝦⋯約 10 尾（去殼，將蝦頭和蝦殼留著備用）
蒜頭⋯約 2 顆（切片）
辣椒⋯1 支（切片）
蘑菇⋯數朵（對半切）

調味料

西班牙甜椒粉⋯1 小匙
鹽⋯適量
黑胡椒⋯適量
巴西里葉⋯少許（切碎）

作法

1 倒入橄欖油（用量多一點不要客氣）熱鍋，續入蝦頭和蝦殼一起拌炒，炒至產生香氣。蝦頭和蝦殼都變成紅色後，撈起來，油留著。

2 原鍋放入蒜片、辣椒爆香。

3 爆出香氣後，加入草蝦、蘑菇一起炒。

4 草蝦炒熟後，即可熄火。以適量的鹽、黑胡椒、甜椒粉調味，最後灑上一些巴西里葉增色（當然，你要用九層塔也 OK，切絲或切碎放上）。

女王煮婦經

1. 選用品質好的 Extra Virgin 橄欖油來做這道菜，香氣會更足！

2. 這道菜當作宵夜、下酒菜很適合，當成正餐也可以，配上切片的法國麵包一起食用，也很有飽足感唷！

1

3

發揮創意就是有趣的料理
創意白醬奶油海鮮麵餃

有一次很想要吃義大利麵餃，但家裡不會時常都有義大利麵餃，自己也不會做，所以靈機一動，那就拿冰箱的魚餃來試試看吧，第一這都是餃類，第二魚餃也是海鮮，所以也適合白醬海鮮的醬汁吧！那麼就來動手試試看！

沒想到自己隨意組合的創意，搭配起來也意外的美味，做料理時常都在發揮創意，用現有的食材來自己搭配組合，這真的很有趣！也會有小小的成就感。

這讓我更想再來試試看，用沒有想過的食材料理做組合，會不會又擦出更多火花呢？大家其實不要有壓力，在家自己吃開心就好，畢竟不是開餐廳，什麼都一定要按照步驟、要做到對、不能失誤、照課本來，我反倒覺得，自己做菜有時失誤，也是一件很有趣的事！

抱著一顆嘗試的心，我覺得這就是生活的樂趣！

創意白醬奶油海鮮麵餃

材料

奶油…30g

中筋麵粉…30g

洋蔥…半顆（切末）

鮮奶…300ml

鮮奶油…200ml

麵餃或魚餃…10 顆

蒜頭…2 顆（切末）

義大利麵條…2 人份

鮮蝦…適量

透抽…1 尾（切成圈狀）

調味料

鹽…適量

白酒…50ml

黑胡椒粉…適量

月桂葉…1 片

作法

白醬 -

1 在平底鍋裡加熱融化奶油，接著放入麵粉一起
攪拌（可以用打蛋器攪拌）成為泥狀不結塊。

2 離火，慢慢加入鮮奶油、鮮奶一起攪拌，再
放回火爐上加熱，續入洋蔥末、月桂葉、適
量的黑胡椒和鹽，一邊攪拌，一邊煮，煮約 5
分鐘即可關火放著備用。（若醬汁太濃稠，可
再加一點鮮奶攪拌均勻）

1

2

3 煮一鍋滾水，加入 1 小匙鹽，放入麵（魚餃）煮到大約 7 分熟，撈起瀝乾水份，淋上一點橄欖油備用。

4 放橄欖油熱鍋，放入蒜末炒出香氣，放入蝦子、透抽、白酒，炒到快熟後，倒入白醬，用小火煮滾。

5 將麵（魚餃）放入拌勻，最後再用一些鹽、黑胡椒調味即可。

4

5

女王煮婦經

1. 這個白醬義大利麵餃我發揮創意，用桂冠魚餃來做麵餃，因為魚餃是海鮮口味所以搭配海鮮類的材料，我也是靈機一動想到這麼做的，手邊沒有義大利麵餃，所以用魚餃來試試看做這道白醬海鮮的料理，結果意外的好吃！料理就是用手邊現有食材來好好的發揮自己的想法和創意，這樣才有趣，不是嗎？

2. 白醬的鮮奶油和牛奶比例可以依個人喜好調整，不喜歡太濃稠的鮮奶油可以全部都用鮮奶也可以。

3. 海鮮可以依照你的喜好使用，想要吃一點蔬菜可以加入燙過的花椰菜。

這是大家都熟悉的火鍋料，吃不完的火鍋料就拿來發揮創意使用吧！桂冠魚餃採用膠強度高，來自阿拉斯加的上等魚漿，真材實料不摻粉。食在很安心！（當然你可以買義大利麵餃來料理，這只是提供一個「清冰箱」的創意概念唷）

這真的是懶人的料理，快速又方便，端上桌又漂亮！如果你怕煎魚煎得不好看會失敗、又不想要有油煙，那麼就用簡單的紙包魚，包住魚的鮮甜，還可吃到蔬菜和魚肉汁的香氣。

在烤紙包魚的同時，又可以去做別的料理，非常的省時間，可以讓你像是 Jamie Oliver 一樣在短時間變出多道菜。善用好工具，可以讓自己更方便、省時，煮婦非常需要這方面的創意啊！

烤紙包魚

材料

烘焙紙…1 大張
魚片或全魚…1 條（在此示範鮭魚）
洋蔥…半顆（切絲）
綠蘆筍…1 至 2 支
小番茄…數顆
檸檬…數片

調味料（依個人喜好）

橄欖油（或奶油）…適量
白酒（或米酒）…適量
黑胡椒…適量
海鹽…適量

作法

1 在烘焙紙先鋪上洋蔥絲，再放魚、蔬菜、檸檬
　片，最後淋上一些橄欖油、奶油、酒、黑胡椒、
　鹽。

2 將紙仔細的包起來，放到烤箱內以 160 至
　180 度烤約 20 分鐘，即可將整個紙包魚放盤
　子上桌。

女王煮婦經

1. 魚類的選擇可以依照
個人喜好，像是鮭魚、
白肉魚，或是鱈魚、鱸
魚都很適合。

2. 怕烘焙紙破掉可以包
兩層比較安心。

3. 喜愛香料的人也可以
灑上一些迷迭香、百里
香等等香料增添風味。

4. 任何一種烤箱都可
以，只要烤得熟就好
囉！

Part.7
簡單的家常
手工甜點、飲料

敬青春的甜美！
Sangria 西班牙水果調酒

這是我很早以前到西班牙自助旅行時，夏天時最喜歡喝的一款調酒飲品，在每一家餐廳幾乎都會有自己版本的 Sangria，作法和口味都不同。

還記得那時到了馬德里，大熱天的跟幾個女生朋友一起去餐廳吃中餐，點了一壺 Sangria，很美艷帥氣的老闆娘直接現場調，還用著水果刀來攪拌調酒，看起來很大方的加了很多我們不知道的調酒。可想而知，那一天走在路上，我們大白天就有點微醺。現在想起來，真覺得好青春，那時候的旅行，充滿了冒險和趣味，跑遍了好多地方，讓我在那時候也愛上了 Sangria 調酒！

回到台灣，喝到 Sangria 的機會不多，也不容易遇到好喝的，於是自己來調吧！調一個自己喜歡的口味，冰冰涼涼的喝，多適合美好的夏天，曬著暖暖的太陽，讓自己又有了青春的感覺！

馬德里不思議，敬我們美好的青春年少！

Sangria 西班牙水果調酒

材料

紅酒…1 瓶
蘋果…1 顆（切片）
柳橙…約 3 顆（榨汁）
檸檬…約 1 顆（榨汁）
藍莓…1 小盒
草莓…適量（切丁）
果糖（或砂糖）…適量
君度橙酒…約 50ml(依個人喜好放入水果類的甜
烈酒都可以）
氣泡水…約 100ml
冰塊…適量
白蘭地…約 50ml(依個人喜好）
裝飾水果 -
檸檬…1 顆（切片）
柳橙…1 顆（切片）

女王煮婦經

1. 這是很隨性的調酒飲料，要加什麼、不加什麼都可以看你方便和喜好，如果想要喝淡一點，怕酒味重，也有人會加入雪碧或七喜稀釋又帶點甜味，怕酒味的朋友可以這樣做。

2. 使用白酒也可以做白酒版本的 Sangria！

作法

1 取一個大容量的玻璃瓶，放入蘋果丁、草莓丁、藍莓，加入果糖或砂糖。

2 倒入柳橙汁、檸檬汁、紅酒，加入氣泡水、冰塊攪拌一下即可享用。（或放入冰箱，等到要喝再加一點冰塊，若夠冰不加冰塊也 OK）

3 倒入杯中飲用時，在杯中放入柳橙和檸檬切片裝飾。（因為柳橙和檸檬片泡久了會變紅，比較不美）

About.

這是旅行裡溫暖的冬天記憶，在歐洲旅行的時候，如果遇到了接近聖誕節慶時，在路上常會有聖誕市集，這時候常可以喝到一杯用馬克杯裝的熱紅酒，在冷冷、飄雪的冬天，喝上一杯熱紅酒，從手指暖到腳指，真的是一種很感動的溫暖，這也算是我旅行裡最美好的記憶之一。熱紅酒英文叫 mulled wine，法文叫 Vin Chaud，德文叫做 Glühwein，每個地方都有不同的熱紅酒配方和滋味，只要在冷冷的冬天喝，都很好喝！煮過的熱紅酒酒精度也沒那麼高了，加入糖和水果，變得很易飲，不喜歡喝紅酒的人也會喜歡這個味道。冷冷的冬天就來煮個熱紅酒暖暖身吧，尤其是聖誕節慶快到的時候，讓你感受到那種節慶的甜美滋味，是不是該好好來為自己安排一趟旅行，或一個美妙的節日呢？

| 懷念的歐洲聖誕節味道 |

熱紅酒

材料

紅酒…1 瓶
砂糖…50 至 100g（視個人喜好甜度添加）
柳丁…約 1 顆（切片）
檸檬…約半顆（切片）

香料

八角…2 至 3 顆
丁香…5 顆
肉桂棒…2 條
豆蔻…5 顆

作法

1 將紅酒倒入鍋中，放入香料和糖、柳丁和檸檬片，以中火煮，煮到快要滾時轉小火（千萬不能煮到大滾喔）。

2 煮大約 3 至 5 分鐘就可熄火（試一下甜度，糖的份量要多要少自己可以調整）。

3 裝入馬克杯中飲用，放一支肉桂棒當作裝飾。

女王煮婦經

紅酒的選擇其實看個人喜好，沒有一定要用什麼酒煮好喝，建議不要用太貴的紅酒，我覺得用 Merlot 或 Syrah、cabernet sauvignon 這些品種的葡萄酒煮起來都很不錯。當然，也不要挑太差的紅酒，免得味道不夠美好，去賣場選一瓶你覺得價格合理（我覺得台幣 500 至 1000 之間）的紅酒，煮起來不心疼，喝起來也不會太差，剛剛好。一次喝不了太多，就用半瓶去煮（香料等比例減少），剩下的酒，自己喝或留著做菜也不錯喔！

很喜歡吃舒芙蕾軟軟又蓬鬆的口感，沒想到舒芙蕾也可以做成起司口味的，身為起司控的我來說，實在是太喜愛這道輕便簡單的小點心了。起司口味可以當作開胃菜，或午茶時間配黑咖啡也好搭，當然，要搭配紅酒也是很不錯的下酒點心。不愛吃甜食的人也可以來試試看起司口味的舒芙蕾。

起司舒芙蕾

材料

雞蛋…1 顆（取蛋黃）

雞蛋…2 顆（取蛋白）

低筋麵粉…15g

鮮奶油…15g

無鹽奶油…15g

冰牛奶…80g

Pizza 用起司…30g

調味料

鹽…適量

黑胡椒…適量

肉豆蔻粉…適量

作法

1. 在平底鍋中加熱融化奶油，融化後再加入麵粉，轉小火，用打蛋器攪拌，直到融合在一起（不要煮過頭燒焦，炒到有麵包的香氣即可）。

2. 加入冰牛奶一起攪拌，煮至濃稠後即可熄火，移至冰過的調理盆中（在調理盆下面墊冰塊，比較容易快速冷卻），續入鮮奶油、蛋黃、起司以及鹽、胡椒、肉豆蔻粉一起攪拌。

3. 另一個調理盆用電動攪拌器打發蛋白（打發即可，不必打太發），將打發的蛋白倒入剛剛拌好的麵糊裡，輕輕的攪拌均勻（不要用力拌，蛋白會消泡）。

4. 在烤盅中，刷上一點奶油並灑上一點麵粉，倒入剛拌好的麵糊，因為烤的時候會膨脹，不必裝太滿，約 7 分滿即可。大約以 180 度的烤箱烤 25 分鐘，有膨脹變成金黃色即可。

女王煮婦經

1. 可用自己喜歡的起司，但必須是軟質、一絲一絲的，艾曼塔 Emmental 起司或葛瑞爾 Gruyere 起司都很適合拿來做，或直接在超市買 Pizza 用的起司比較方便。

2. 這個配方大約是 2 至 3 人份的，模型可以用小型的（約一人一小杯的大小）或鑄鐵鍋品牌賣的可愛小烤盅，這樣比較方便吃，也可同時做出許多個一起烤。

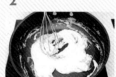

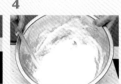

檸檬蜂蜜瑪德蓮

|像貝殼一般俏皮的小蛋糕|

材料（大約是 12 顆瑪德蓮的份量）

低筋麵粉…100g

無鹽奶油…100g

室溫雞蛋…2 顆

泡打粉…3g(可省略)

檸檬…1 顆

蜂蜜…30g

細砂糖…40g

作法

1 在調理盆中打入雞蛋，放入砂糖、檸檬皮（直接磨
  檸檬皮放入），用打蛋器攪拌。

2 再將過篩的麵粉和泡打粉一起加入，攪拌均勻成沒
  有粉粒的麵糊，再加入幾滴檸檬汁、蜂蜜一起攪拌。

3 將保鮮膜貼平麵糊包住，或將麵糊放入擠花袋中，
  放入冰箱冷藏一夜。

4 將麵糊取出退到室溫，擠入模型中（約 7 至 8 分滿
  即可），模型記得先刷上一點油以防沾黏，放入麵
  糊後再用筷子或竹籤戳一下麵糊以防會有氣泡。

5 烤箱預熱後，以 200 度烤 10 分鐘左右（打開烤箱
  看一下，若不夠蓬鬆可以再烤 3 至 5 分鐘）。

6 看到瑪德蓮的肚臍突起、色澤漂亮即可。烤好後拿
  出來降溫、脫膜即可。

好的麵粉真的做出來的品質有差，建議大家可以選用品質
比較好的麵粉來做烘焙，市面上也有很多選擇供參考。這
是美國 Bob's 低筋麵粉（未漂白的麵粉），採用優質的軟質
白小麥磨製而成，口感柔細，未漂白的麵粉吃起來也比較
安心。

因為我很喜歡吃道地的法式可麗餅,在法國旅行時,時常看到專門賣可麗餅的店,就會進去吃吃。法國的可麗餅有甜的,也有鹹的,肚子餓時我會點鹹的來吃,不餓時的午後,我就會點一份甜的來吃吃。這時再配上一杯道地的蘋果酒,就真的是人生一大享受!

每次點甜的,我都只會點巧克力口味加上一球香草冰淇淋,真的很沒創意,但這就是我最愛吃的基本款口味。最單純、簡單的味道,就是最好的味道。

法式可麗餅是我旅途中的美好回憶,想念起自己一個人獨自旅行時,總是在可麗餅餐廳裡自己吃了一份巧克力可麗餅,自我陶醉的美好時光。很多食物都充滿了旅行的記憶,就像是巧克力可麗餅,這就是我獨自旅行的小確幸。

巧克力可麗餅

材料（6 張餅皮的份量）

低筋麵粉…100g

牛奶…250ml

雞蛋…2 顆

鹽…1 小撮

融化奶油…10g

糖…10g

巧克力醬、香草冰淇淋（依個人喜好）

作法

1 將雞蛋、牛奶和糖一起攪拌。加入過篩的麵粉
和鹽，再加入融化的奶油一起攪拌。

2 攪拌完成的麵糊蓋上保鮮膜，靜置約 1 小時
（或放入冰箱靜置 30 分鐘）。

3 平底鍋抹上一點點的油，小火加熱，倒入麵糊
快速搖動鍋子，讓麵糊平均分布。

4 單面煎熟後，馬上在餅皮抹上巧克力醬，然後
折成三角形狀。

5 盛盤，可以再加球香草冰淇淋，或搭配香蕉等
水果一起享用。

女王煮婦經

不要一次倒太多麵糊在
鍋子裡，免得餅皮會做
得太厚就不好吃了。

I

3

4

4

如果不想要自己調可麗餅粉，也可以直接到超市買現成
的，西班牙 HARIMSA 藍磨坊法式可麗餅預拌粉，簡易 DIY
便可製作出好吃的可麗餅皮。

吃不膩的大人味甜點
伯爵茶戚風蛋糕

雖然身為女生，但我真的不是「甜點控」。一般女生看到甜點會尖叫，我反而不會，因為不太吃太甜的食物，所以會讓我喜歡吃的甜點少之又少。戚風蛋糕算是我少數喜歡吃的甜點，因為比較清爽的口感，不會覺得太膩。

自己學會做戚風蛋糕後，也可以自己調整口味，想要比較不甜就少放一點糖，想要吃巧克力、抹茶、黑糖、紅酒或任何口味，都可以自己做出來，真的很方便。看著戚風蛋糕在烤箱裡慢慢的變得蓬鬆，也好有成就感呢！

現在就不用去外面買戚風蛋糕了，因為自己做一個就可以吃好幾次，還可以分送親友，真的是太方便，也很有成就感。如果想吃甜點又怕負擔太重，可以試試看自己做戚風蛋糕唷！這是做伯爵茶戚風蛋糕的作法，把伯爵茶葉拿掉就是一般的戚風蛋糕，大家都可以試試看。

伯爵茶戚風蛋糕

材料

蛋白霜 -
雞蛋…3 顆（取蛋白）
細砂糖…50 克
玉米粉…6g

蛋黃麵粉糊 -
雞蛋…3 顆（取蛋黃）
植物油…40g
低筋麵粉…60g
細砂糖…15g（怕太甜可減到 10g 以下）
溫水…40g
伯爵茶包…1 包（取茶葉）

作法

蛋黃麵糊 -

1 將蛋黃放入盆中，加入植物油、溫水、茶葉，以打蛋器攪拌均勻即可。
2 再將麵粉、細砂糖過篩加入一起攪拌，直到混合在一起沒有粉末狀。

蛋白霜 -

3 在一個乾淨無油、無水的盆中，放入蛋白後，用電動打蛋器快速打發蛋白，直到變成白色泡沫後，再加入一些糖繼續打發，大約分成 3 次慢慢加入糖，第三次加入玉米粉，打發到最後要呈現蛋白霜撈起來看起來是尖角，不會掉下去，很綿密的、白色發亮的蛋白霜狀才OK。

1.2

3

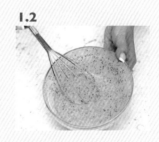

混合蛋白和蛋黃麵糊 -

4 將一點蛋白霜加入蛋黃麵糊中攪拌，再倒回去
蛋白霜盆子中，一起攪拌。請輕柔的從底下挖
起來，由下往上輕輕地攪拌混合，不要用力攪
拌，不然蛋白會消泡，拌好後再倒入烤模或鑄
鐵鍋中（模型和鍋子不能刷油，無油無水的狀
態），倒入後輕輕地搖動一下，讓它均勻平整。

5 以 180 度的烤箱烤約 40 分鐘，出爐後再把模
型倒扣放涼，等到涼了再取出蛋糕，就完成
囉！

4-1

4-2

4-3

女王煮婦經

1. 打蛋白霜的盆子一定要無水無油很乾淨，蛋白才打得
發。蛋白打得越好，你的蛋糕會越美喔！

2. 烤箱要記得先預熱好，在做蛋糕時就可以先預熱烤
箱。

3. 糖請用白色細砂糖。

4. 想要巧克力口味、抹茶或黑糖口味，都可以在蛋黃
麵糊中加入你想要的巧克力粉、抹茶粉、黑糖粉調味。
紅酒戚風蛋糕就把溫水改成紅酒即可。

5. 想要蛋糕顏色呈現茶色，可以先泡好伯爵茶，取代溫
水放入蛋黃麵糊即可。

About.

我很喜歡喝茶，尤其是喝多了嘴巴真的會比較刁，平常都會買一些好茶在家裡自己泡來喝。這一款「蜜香烏龍」茶是來自台東茶王陳錫卿的作品，在台東鹿野高台，海拔大約 360 公尺，絕佳的氣候條件所栽種的青心烏龍茶種。台灣真的好山好水，種出許多好茶，我自己也好愛台灣茶！除了泡一壺好茶，意外發現用泡過幾次之後的茶再拿來做茶凍當點心，配茶喝，也是一種很契合的感覺。這是一款很清爽的茶點，喜愛喝茶的朋友也可以試試看用你喝的茶，做你喜歡的茶凍吧！

| 泡一壺好茶，一起享用 |

蜜香烏龍茶凍

材料（10 個份）

蜜香烏龍茶…約 500ml（80 度左右的溫度）

白砂糖…30g

吉利 T 果凍粉…12g（是吉利「T」，不是吉利
「丁」哦！）

作法

1 將砂糖、吉利 T 粉放入小碗拌勻，再倒入蜜
　香烏龍茶中攪拌融化。

2 將拌好的的蜜香烏龍茶倒入小容器中，放在室
　溫等待它慢慢冷卻就會凝固了。凝固後可放入
　冰箱冷藏，口感更好！

女王煮婦經

什麼是蜜香烏龍茶呢？
「在完全自然農法管理
的茶園中，一群小綠葉
蟬紛飛吸食著茶葉中的
養分，茶樹為抵抗小綠
葉蟬的侵襲，必須努力
的分泌多醣體來散發香
氣吸引小綠葉蟬的天敵
紅蜘蛛前來救援。這樣
的自然生態鏈造就蜜香
烏龍的出現。」所以說，
蜜香烏龍是上天賜予的
禮物，珍貴的寶藏啊！
一起來支持台灣的好茶
吧！

蜜香烏龍是上天賜予的禮物，在台東鹿野高台海拔大約
360 公尺，這裡擁有著絕佳的氣候條件，盛產青心烏龍茶
種。在完全自然農法管理的茶園中栽種的好茶。（更多資
訊請見「豐茶」http://www.fongcha.com/ ）

菜可口，人也要可口！

「當了煮婦，會不會變成了黃臉婆？」這是我一直很擔心的事情。因為愛美是女人一生的職志，我也無法容許自己變成自己不喜歡的樣子。所以煮婦這一條路，是絕對不能放棄自己，讓自己變得蓬頭垢面、邋裡邋遢，為了做菜犧牲了自己的魅力，絕對是不容許的事情。（更何況我有一個「天秤座」的老公，很重視美感，希望老婆要漂亮有質感，讓我更不能鬆懈，哈！）

許多人覺得做出好吃的菜很重要，但是我默默的覺得，菜要可口，人也要可口啊！更何況，如果你想要抓住對方的心、對方的胃，你更不可以讓自己「美得只剩下菜」。對方只想吃菜，不想愛你，那也不行啊！

如果一個女人因為有人愛，有了穩定關係就開始放棄自己、不重視自己的外在、內在的維持和成長，不懂得好好經營自己、讓自己變得更好、更有魅力，你都抓不住自己了，又怎麼能抓住對方呢？你不喜歡自己，對方又怎麼會喜歡你呢？**所以在感情上也要時時保持「愛自己」的心，愛別人之前，要先懂得愛自己，讓別人快樂之前，要先給自己快樂。**

在一段穩定的關係裡，人還是要懂得居安思危，並不是要你處處去提防別人、疑神疑鬼，怕別人不愛你、別人來破壞你。而是，你要懂得好好的經營自己，讓自己棒到對方捨不得離開你，讓自己充滿自信、魅力，越變越好。你對自己好，才有能力對別人好，在自我和對方、家庭中找到一個快樂的平衡點，這樣你才能維持一段穩定快樂的關係。

說到當一個可口的煮婦，我有時會看到一些人板著臉做菜，臉很臭，端出來

的料理即使再美味，也讓你覺得食慾不佳。但是，如果你看到一個人做菜充滿了愛、歡笑和熱情，笑嘻嘻的端上桌，你會覺得那道菜馬上加了許多分。所以，很多時候重點並不一定在菜色上，而是做菜的人身上。

你真的覺得一定要做出多了不起的料理才能讓對方感動、開心嗎？不一定，而是你用心、充滿了愛的去做一件事，即使只是最簡單的料理，幫對方煮個泡麵、炒個飯、燙個青菜，對他來說都是人間美味。（當然，再搭配一下你心機的化了一點妝、放了浪漫的音樂，穿了什麼或沒有穿什麼……哈！）

菜可口，人更要可口！不是嗎？（眨眼）

想當初，我一開始下廚的時候，重心只在做菜這件事上，所以總是在很邋遢的情況下做菜，最糟糕的是，我還穿著做菜時穿的衣服上床睡覺（天啊！滿身的油煙），那時覺得都結婚了，就沒有差了吧？！所以在家裡總穿著那種快要丟掉的、鬆掉的衣服，直到有一天我自己突然驚醒，天啊！我也把自己搞得太沒魅力了吧！（提前進入黃臉婆階段）

所以，我決定要改進，做菜穿的衣服和上床穿的不能一樣，不能讓自己身上都是油煙味，所以香水、室內香氛很重要，要挑選可愛、漂亮的圍裙、家居服或睡衣。還有，如果做了菜會看起來很狼狽，如果有客人要來，或重要的晚餐，我一定要一邊做菜一邊補妝。

也因為做了家事、洗碗，不知不覺開始手變粗了，為了不要讓自己未來人還

沒老就變成老媽子手，所以洗碗一定要戴手套，之後一定要隨時補擦護手霜。每天都要好好的保養皮膚、臉部和全身，吃美食要運動，要維持自己的身材。一定要時時刻刻提醒自己，不能鬆懈，否則真的會一天變老、過了幾年就變成歐巴桑。**打理好自己，不一定是為了另一半、為了婚姻，而是為了自己。要讓自己總是喜歡當下的自己，你才會擁有自信快樂。**

雖然應該沒有人天生喜歡做家事、洗碗、拖地……，但如果你要做家事，就換個愉快的心態，開心的去做吧！既然你要做的話，就不要當一個又做又愛唸的人（我的人妻朋友說了個很不錯的理論「唸了就不要做，做了就不要唸」）。就像我不喜歡洗碗、拖地，但如果我必須要做的話，我就當作自己在做運動、在為了我所愛的家庭付出，這麼想的話，就可以保持愉快的心情，一邊哼著歌一邊做家事。

自己心態的轉換很重要，快樂不快樂都是自己的選擇。你可以選擇臭臉讓大家不開心，也可以換個笑臉讓家庭氣氛更好，想過什麼日子都是自己選的。那麼，何不用比較好的態度、比較快樂的方法去過日子呢？

所以，當你追求當一個能端出好料理的煮婦，也別忘了，你也要當一個令人覺得「秀色可餐」，讓人看了心情好、令人感到很輕鬆舒服、得人疼、得人愛的煮婦。

★ 我的煮婦必備「愛美」幫手

可愛的圍裙

做菜的時候，穿上喜歡的圍裙，真的會心情大好。我有好幾件可愛、漂亮的圍裙，不只是好看，也是保護自己身上的衣服不要弄髒。做菜洗手，手濕了可以直接擦在圍裙上也很方便。

這次書中拍照和做菜穿的都是 GREENGATE 的圍裙，這是丹麥的時尚家居品牌，經典北歐設計元素，優雅又好看，我尤其喜歡我自己挑的系列，都是比較粉嫩、可愛的風格，穿上圍裙都不想脫下來了，所以我自己也買了好幾件！

洗碗手套

要保護好自己的雙手，就是洗碗的時候一定要戴手套喔！買一個長一點的洗碗手套（當然也要可愛又好看），這樣怎麼洗都不會傷到皮膚。所以我一定要推薦各位愛美的煮婦們，一定要準備洗碗手套，戴了再洗！

洗手乳

每次切菜、做菜，洗完碗盤，手都會有異味（譬如說切完蒜頭時），或難以清洗的油膩，我很不喜歡手上還沾有味道。所以在廚房洗手檯我會放一瓶好用的洗手乳來隨時清潔、保持清香的感覺。

【植淨美】草本洗手慕斯，薰衣草香氛的味道很能洗去那些油膩和味道，聞起來也很乾爽舒服，有效潔淨及去味，現在是我廚房的好伙伴。添加南法普羅旺斯正薰衣草草本精油，對煮婦來說真的很療癒。

護手霜

護手霜是一定要必備的！因為做家事、做菜、洗婉，真的不知不覺手都會變粗了，又乾又粗很不舒服，也很傷皮膚。所以只要做完菜、做完家事，我都會趕快拿護手霜來擦。護手霜我有很多條，目前喜歡用比較不油膩、香氣不重的，比較天然的、敏感性皮膚用的成分。隨時都可以補擦，讓雙手維持細皮嫩肉的，才不會馬上變成歐巴桑手啊！

日本 Atorrege AD+ 水潤喚白護手霜

敏感性肌膚也可以使用的高效型護手霜，能改善因乾燥龜裂而形成的皮膚問題，有效保護雙手避免因經常水洗或接觸化學物質而受到傷害。擦起來不油膩，可以馬上吸收，讓我可以繼續做其他的事情不受影響。

女王最愛的料理器具、調味料

煮婦之路實在是一條不歸路,當我開始愛上料理後,總是一直不斷的採買各種料理器具、鍋具、調味料、烘焙器具,甚至桌巾、餐具、刀具、杯子、盤子,當你開始愛上做菜後,你才發現,能買的東西實在太多,而且,永遠沒有停止的一天。

這就好像愛買鞋子的女人,永遠少一雙鞋子,當女人變成了煮婦,也是永遠少一個鍋子,呵呵!以前出國玩,買的都是衣服鞋子包包,現在通通都是器皿、鍋具、食材,角色的轉換,依舊澆不熄我們熊熊的購物欲啊!

★ 鑄鐵鍋

Le Creuset

知名的法國鑄鐵鍋品牌,將近 90 年的歷史,現在也很受歡迎,我身邊許多女性都是 LC 的粉絲,買了就會忍不住一直買下去。不只外型好看,多樣的色彩也好吸引人,鑄鐵鍋是一條不歸路,用了一個就想繼續擁有不同的款式。

鑄鐵鍋優異的熱導性,讓料理變得更方便、美味,唯一小小的缺點就是比較重,但是也是重的有代價,用了就會回不去。跟著身邊的朋友一起分享(勸敗),也會讓原本不會下廚的女性,因為鍋子實在太美(外貌協會)而忍不住開啟了料理之路。

所以聰明的先生，送給老婆美麗的鑄鐵鍋，絕對是最好的投資，因為當老婆愛上鍋子、愛上做菜，最大受益人就是你了！

Staub

鑄鐵鍋有另一批愛好者熱愛也是來自法國的 Staub，這也是我很愛的鑄鐵鍋，顏色也很美麗，走比較沈穩路線。用了第一個 Staub，就會很想再繼續買下去（煮婦好勸敗啊），各種不同的鑄鐵鍋有不同的設計，也適合烹煮不同的食物，所以我都會使用。

Staub 都是黑琺瑯的設計，可常保不沾功能，導熱快保溫佳適合燉煮，鍋蓋有特殊設計，讓鍋內水分不易流失，容易保留食物原味。

有人說 Staub 是男人的鍋，LC 是女人的鍋。但我想，只要愛鍋的人，不分男女，都愛吧！

摩堤 MulTee

台灣也有本土品牌的的鑄鐵鍋，摩堤也是我喜歡使用的鑄鐵鍋品牌。強調節能家電概念，琺瑯鑄鐵鍋的品質也做得很好，我也有上過摩堤舉辦的一些料理課，算是我最早期接觸料理的時候的啟蒙吧！

像是鑄鐵媽媽鍋、智慧感應爐、鑄鐵平烤盤，都是我自己常用的料理工具，

也很方便好用，在百貨公司幾乎都有設櫃，煮婦們可以趁百貨公司活動檔期採購一下唷！

Dansk 琺瑯鍋

丹麥品牌 Dansk，第一次看到 Dansk 的琺瑯鍋，是看到電視上 Jamie Oliver 在做料理時，有用 Dansk 的鍋子，那時印象深刻它的外觀，看起來也很好用的樣子。之後自己買了兩個 Dansk 來用，還有送給我媽媽，覺得真的是又輕巧、導熱又快。我媽媽也讚不絕口，說拿來煮湯很快熟。鍋蓋的十字設計又可以拿來當鍋墊使用，真的是很棒的設計！

小小的牛奶鍋討喜又好用，我喜歡拿來煮熱奶茶，或煮醬汁，甚至一人份的麵也很方便。價格也比鑄鐵鍋平易近人一些，拿起來比較輕，算是很入門好使用的鍋具。

★ 鐵鍋

de Buyer 畢耶

許多人心中的鐵鍋品牌，法國的畢耶 de Buyer 鐵鍋真的很紅，強調使用越久越不沾鍋，鐵鍋的導熱佳，材質也對人體比

較無害。網路上有許多人在分享鐵鍋的使用和開鍋。我自己用了，真的覺得很不沾鍋，連簡單的煎蛋都可以煎得好漂亮。

畢耶是天然原礦純鐵鍋，百分百蜂蠟塗層，可以隔絕氧化。強調從製作到回收對環境友善超環保，也是許多頂級米其林餐廳指定用的鍋具。

許多人喜愛畢耶原礦蜂蠟系列的巴黎鐵塔造型鐵塔柄平底鍋，格紋煎牛排鍋也有一批愛好者。我也愛用迷你平底鍋，還有最迷你款的法式迷你鬆餅小煎鍋 12 公分，我都拿來煎荷包蛋，煎得又快又美，笑稱為「煎蛋神器」啊！

★ 果汁機

Electrolux 伊萊克斯大師系列果汁機

這台果汁機真的很厲害，獲得許多大獎：榮獲國際論壇設計 iF 設計大獎 / 德國 Red Dot 紅點設計大獎 / 全球最大工業設計獎項之一 Plus X Award：年度最佳產品殊榮。來自瑞典的品牌 Electrolux 也有許多受歡迎的小家電產品，知名廚師江振誠所代言他們的烹調產品，讓我這個煮婦也加入了這個行列。

這個果汁機厲害的是它的智能程式系統，可以根據食材選擇最適當的程式及時間，四組預設程式（碎冰、果汁、湯品、冰沙），以及三段速（低速、中速、高速），以及瞬間加速功能。不是一般的果汁機啊！它也內建最佳攪拌食材

秒數程式，LED 時間顯示裝置搭配倒數計時功能，一用就愛上它的多功能。

獨家黃金傾角科技，增加食材與刀片接觸的面積及時間，避免高轉速果汁機攪拌所產生的氧化或升溫，保留更多食物營養素及新鮮度。我自己平常都拿果汁機來打營養蔬果汁，也拿來做料理打醬料使用，非常方便。

★ 攪拌棒

Electrolux 手持式攪拌棒

擁有一支好用的手持式攪拌棒一直是我的夢想！因為只要常做料理就知道，每次要切一堆洋蔥、蔬菜，要切丁切碎，切得很辛苦又花時間（最後就會不想做了），看到許多料理人都有一支攪拌棒，我一直想要找一支最好用的，將來也可以幫小孩子打副食品（規劃得真遠啊）。

許多名廚都指定愛用的 Electrolux 攪拌棒，我許多朋友和廚師友人都很推薦，我自己使用了之後真的有嚇到。第一次在我另一半面前示範攪拌棒功能，才按開關 3 秒鐘，一顆洋蔥就全碎了，我們都嚇到，也太好用了吧！從此之後，我就不能沒有它了！

攪拌棒套組有個人隨行杯（附杯蓋）、切碎杯碗、打蛋器，一整組真好用。攪拌棒採用擬真式渦流設計，攪拌零死角，將所有置於邊角的食材，有效地

快速攪打成均勻。還有 300 瓦高效能靜音馬達,有瞬間加速功能。真的是煮婦必備的好幫手!

★ 餐具、刀具

我自己是餐具、刀具、碗盤控,很愛買各種不同的餐具,收集許多不同品牌、類型的,每次出國旅行,都是以買這些東西為樂。我都笑說,以前買到好看的衣服鞋子會笑得很開心,現在走到烹飪用品店,看看刀叉、碗盤,就覺得好滿足、好快樂,這大概是煮婦的一種樂趣吧!

收集的美麗餐具、碗盤,都會有用到它的一天,所以我都是這樣勸敗自己的,呵呵!例如:WMF 的刀具組、餐具組,雙人牌的刀子,葡萄牙餐具 Cutipol,Laguiole 牛排刀……,都是我的心頭好。買餐具也是一條不歸路,而且一次都想買個一套組或 6 人份,越買越多,總想著若有宴客可以拿一套出來用多棒!用著美麗的餐具用餐,也會讓心情更美好,不是嗎?

★ 茶具杯盤組

我從小就很愛欣賞美麗的茶具系列,漂亮的茶壺、茶杯組,泡個午茶來

喝，多麼的賞心悅目啊！所以我也很愛蒐集許多不同的漂亮茶具，像是幾個我愛的品牌 Wedgwood、Rosenthal、Royal Albert、villeroy & boch……，如果去歐洲玩看到我也會扛回來，實在太喜歡欣賞這些美麗的東西。

記得我小時候，有次去某個優雅有氣質的老師家作客，她拿出一組 Wedgwood 的 Wild Strawberry 野莓系列茶杯茶壺，我看了目瞪口呆，天啊！太美了，所以從小我的一個夢想和志願就是長大自己也要蒐集一套野莓組的茶具。當然，這個願望沒有太久就被我達成了，所以每當我看著漂亮的野莓茶杯喝著紅茶，就覺得自己好幸福可以享有這麼美麗的茶杯。

我也很喜歡自己在家泡壺茶，用著美美的杯子，選用自己喜歡的茶葉（我也是茶葉控），這就是一種在家裡最簡單的放鬆和享受了。喝一壺好茶，也買個讓自己心情更美好的杯子，這也是生活的樂趣！

★ 烘焙器具

烘焙是我最近開始的新興趣，做做甜點和蛋糕分享給身邊的人吃，那種幸福真的甜蜜蜜！

烘焙真的是另一條更專精的路，我也還在學習中，要學的東西很多，我想這也是一種旺盛的求知慾和狂熱吧！

烘焙要用的器具實在蠻多的，我都從最簡單的開始買，想必未來會陸續添購吧（這應該又是一條不歸路了）！我不一定會買很貴的，我覺得東西就是自己覺得好用就好，但是，真的需要專業、好一點的東西，也是值得投資。

也推薦畢耶的烘焙用具，我現在看到這種很專業的用具就會失心瘋，其實若有心想要好好的走烘焙的路線，工欲善其事，必先利其器，該對自己好一點，才更有做料理的動力啊！

★ 調味料

油類

常用好油，對身體也好，做出來的料理也比較好吃，所以要捨得買好的油來做料理。（通常要認明是 Extra Virgin 的橄欖油，原裝進口的比較安

全，而不是分裝的）像是台式料理的香油、麻油、辣油，我自己也很講究、挑選比較有品質的油。因為食安問題，所以自己料理真的要多留意自己所用的食材和調味料。有時候真的是「一分錢一分貨」好的食材就是比較貴，我是覺得要自己吃到肚子裡，還有家人的健康著想，我都會用好一點的材料來做菜。

自從自己開始料理後，我幾乎都只用「特級初榨橄欖油」來做菜（Extra Virgin Olive Oil），吃「好油」真的很重要，也因為對橄欖油的愛好，還去上了國際品油專家認證課程，學習「品油」也更能分辨油的好壞和口感。

重點是，用好的橄欖油來做菜，真的比較不油膩、又能帶出食物的香氣，我媽媽受我的感染，家裡也都換了初榨橄欖油來料理。這瓶來自葡萄牙的「黑橄欖油」，是葡萄牙原裝進口，通過歐盟認證、也通過 SGS 國家食品檢測，不含人工添加物，特別選用高海拔的百年老樹「黑橄欖」人工採收後 24 小時內以 30 度以下的低溫初榨，所以保留橄欖最高營養。

橄欖油的品質好，其實成本來自採收，機器採收和人工採收成本差很多，SãoMamede 特級冷壓初榨黑橄欖油，油質穩定又耐高溫，我自己會拿來做熱食或涼拌都有不同風味。

葡食坊粉絲專頁
https://www.facebook.com/FOODSFUN/

調味料

我也是調味料的愛好者（大家應該會覺得料理是一條不歸路，因為會一直買買買不停），好的醬油、醬油膏、調味料，我自己都會多嘗試不錯的，找到自己喜歡的口味。為了健康，建議大家要用薄鹽的醬油來料理比較好。調味料是一種

「常備」的概念，看到喜歡的、想要的就要買，才不會要料理時一時找不到。分享一些我平常常會使用的調味料。（當然這只是冰山的一角）好的調味料就像是魔術師，為你的料理加分，令人安心的調味料，也讓你的料理更安全健康。

食材

腰果妹：推薦我很喜歡的健康零食和食材「腰果妹」，是利用真空慢炸的技術，只用少量的鹽與糖，採用真空油炸。避免高溫變質與氧化，所以吃起來一點也不油膩，少油少糖，健康無負擔。適合長輩、孕婦、小孩當零食，全素也可吃。

小包裝方便隨身包，份量也剛剛好。腰果也比一般的大顆，挑選過最高規格的腰果，每天吃適量的腰果也對身體好。最近喜歡料理的我也把腰果拿來做成蜜汁腰果、椒鹽腰果，為了健康所以我不用油炸，用烤箱就可以做出來很方便！也可以拿腰果來做甜點。

f 腰果妹或上網搜尋「腰果妹」

雙喜饅頭：饅頭是我很愛吃的主餐和點心，身為麵食控的我，又很挑嘴，現在能吃到好吃的饅頭，又要安全健康真的不容易，現在自己會做菜，更瞭解要兼顧好吃和安心真的不容易，買食物也會特別挑剔。我最常做的早餐就是饅頭夾

蔥蛋，另一半上班前我也會做愛心早餐，快速蒸個饅頭夾蔥蛋＋肉鬆，也可以煎一塊排骨夾蔥蛋，又有飽足感、又美味。推薦「雙喜饅頭」，我覺得兼具美味及安心，食材很實在、又有許多安全檢驗的證明，讓我們家人吃了很放心。口感柔軟，不是走很硬的路線，很適合長輩和小孩吃。每一顆份量都蠻大、價格合理（煮婦很重視 CP 值），好吃又有飽足感。無添加防腐劑、人生色素和香精、以及化學膨鬆劑，不使用不健康的添加物，12 項產品均通過，令人安心。（www.kiwi15888.com）

愛上料理，讓我轉變許多，現在的我，很喜歡這樣的自己。很多人會問我，這麼喜歡做料理會不會累呢？我笑說，其實不覺得累耶，就算累也只是身體累，但心靈是滿滿的豐足和快樂。我想，我真的是一個熱愛付出型的人，從付出中得到快樂和成就，這真的是人生最美好的感受。我想，喜愛料理的人都有一顆善良、大方、熱情，並樂於分享的心！自己料理無關厲不厲害、做得有沒有比餐廳好吃，更不是比賽，而是你用心去做一件事，那樣的「心意」，才是最令人感動的地方。為愛料理，讓料理更美味的關鍵，就是你的「心」！

煮婦進修時間
感謝我的料理老師貴人們

在做料理的這條路上，我也很感謝身邊遇到許多人的幫忙，很會做菜的廚師朋友、料理老師，在上他們的課，從他們的指導下，讓我學習到很多。

不只學做菜，我自己也很愛學習許多課程，我覺得讓自己時時保持在「充電」的狀態，吸取新的知識、新東西，讓我活力滿滿，也更進步。我喜歡這樣的自己！與你們分享菜鳥煮婦我在料理這一條路上的貴人、老師，還有我熱愛學習的事物。

★ 料理老師
· 咚咚

是我的好朋友，也是我一開始學習料理的貴人老師。認識她是在一家私廚料理，吃到她的料理有一種很幸福的感覺。很少看到廚師對食材這麼認真挑選，選用許多在地的好食材，料理也講求食物的天然和原味，健康又美味，所以就愛上她了！

吃過很多次咚咚的私廚料理，也上過她幾堂料理課，真的很喜歡她溫暖又純真的個性，就像她做的料理一樣。也感謝她一開始帶我做菜，讓我慢慢的摸索，學習到許多。咚咚老師是我開始愛上料理的第一個貴人！

Fenny's Kitchen 咚咚私廚料理
https://www.facebook.com/fennykitchen/
私廚訂位請洽：winebay(02)2733-3303

· Angel

Angel 老師是我在料理教室上課很喜歡的一位老師，
所以我上了許多她的課程。喜歡 Angel 老師化繁為
簡的教學，讓我這個菜鳥從頭開始學起，從實作中練
習，慢慢找到自己的步調和興趣。老師的個性很可
愛，真誠又認真，對於初學者也很不厭其煩。

我很喜歡上 Angel 老師的課，雖然老師的課很熱門搶手不一定搶得到，但
我有機會就會來上課學習。書裡有幾道料理也是跟 Angel 老師學的，感謝
老師的教導。菜鳥會繼續努力的！

愛吃、愛笑的藍帶煮廚 Angel
https://www.facebook.com/AngelLoveBaking/

· Anita

開餐廳的好朋友 Anita，自己也有一身好手藝，在
我央求之下，開了小型的好朋友甜點課，讓我們好
姊妹可以來一起學做料理。

她的餐廳的料理和甜點也都很棒，值得來吃吃唷！

L'arcobaleno(天空之橋)
https://www.facebook.com/Larcobalenocoffee/

★ 料理教室

分享幾間我自己會去上課的料理教室，每個料理教室都會定期開課，可以選擇你喜歡的課程。我自己很喜歡上料理課，因為從每個老師身上都可以學到很多。

桂冠窩廚房
https://www.joyinkitchen.com/
感謝這一次桂冠窩廚房贊助場地讓我拍攝新書食譜，這裡的空間很大，除了做料理，也很適合辦活動。我也即將在這裡舉辦讀者的新書活動，歡迎一起來參加唷！

其他的料理教室：

FunCooking 瘋食課@ BELLAVITA
http://uknowiknow.com/bellavita

4F Cooking Home
http://www.4fcookinghome.com/

Skills - cooking school
http://www.skills.com.tw/

小器生活料理教室
https://www.facebook.com/xiaoqicooking/

★ 品油課
· 義大利品油專家認證課

喜愛料理的我，也深深的愛上用好的橄欖油來做菜。所以也上了這個義大利品油專家的認證課程。

這個課程是由義大利國際品油專家協會（International Oil Expert Association）、義大利美食教育中心（CLUBalogue）、及北義橄欖油農業生產合作協會（AIPOL）之官方品油評審專家們共同授課。上了品油課，讓我更瞭解橄欖油，也能分辨得出來油的品質和口感，喝好油、吃好油，對身體好，做料理也很健康、美味。我真的很愛 Extra Virgin 橄欖油！

報名方式請見官網：http://www.clubalogue.com/

★ 品酒課
· 葡萄酒的專業認證教育

喜愛美食搭配美酒，所以一直以來都有在上一些品酒相關的課程。有葡萄酒、清酒，對酒類多加瞭解，自己可以餐搭酒，出外用餐也比較知道怎麼點酒做搭配，享受美酒和美食的結合，是最美妙的事。
目前上過的有這幾種：

「英國葡萄酒與烈酒教育基金會」（Wine and Spirit Education Trust，簡稱 WSET）目前上到 Level 3

SSI 日本酒研究與認證機構：

SSI 日本酒初階認證課程 (Sake Navigator)

SSI 日本酒唎酒師認證課程 (Kikisake-Shi/Sake Sommelier)

布根地大師課程 Burgundy Wine Connoisseur

台灣酒研學院 國際品酒認證課程：
http://www.wineacademy.tw/

（飲酒過量有害健康）

★ 花藝課

除了愛料理，我也喜歡一些可以增加生活樂
趣的學習課程，像是花藝我自己也很喜歡，
插了美美的花，不只在家裡賞心悅目，也讓
自己的心情更好。

這次新書裡面的花材也都是 Greendays by
Fujin Tree 所提供，感謝他們的幫忙。

GREENDAYS by Fujin Tree
https://www.facebook.com/
greendaysbyfujintree/

人生充滿美好意外，能付出的人更幸福

最近還被我的姊妹淘虧說：「你以前婚前說結婚後不想做菜，沒想到你現在變得這麼愛料理，人生的轉變真大啊！」我聽了也大笑：「我想這就是人生有趣的地方吧，你永遠不知道未來會發生什麼事！」其實我早已不記得婚前跟朋友說的玩笑話，但是，人真的隨著年紀經歷，自我改變、成長，現在的我，很喜歡現在的自己。

當然還會有更多人問我：「你那麼愛做菜不會累嗎？」、「為什麼要把自己搞那麼累？」、「你還要買菜、做菜、洗碗，真的很辛苦！」，其實，要說體力上的累是當然一定會有的，做菜的前置作業很辛苦，做完菜的洗碗工作也很煩，但是，雖然體力上有累，但心靈卻是滿滿的富足、滿滿的快樂和感動。所以我很愛這種感覺。

很多人覺得在一段關係裡、婚姻裡，對方付出比較多、對自己比較好、比較愛他，這樣會比較幸福。因為很多人認為的幸福是一種「好命」的象徵，能過得舒服、做得少、得到比較多，這樣比較令人羨慕。

但我一點也不這麼認為，我曾經也遇過比較愛我的、對我好的，但是一陣子我就受不了，因為我覺得單向的付出，雖然會開心但是不是打從內心的快樂。因為你永遠無法回報對方等量、甚至更多的愛。對我來說，能快樂付出的人，才是比較富有、比較幸福的。當然，對方也不能對你差，而是你們彼此付出，那樣的幸福才是「雙向」的。

我有朋友說，好命和幸福是不一樣的。好命的人只是得到的比較多，但是真

心覺得幸福的人,是可以付出的。他的快樂、他的好,不止自己擁有,還多到可以分享。就像你足夠愛自己,你才能有更多的愛去愛人一樣。跟別人要來的都不是真正屬於你的,只有你自己能給、能分享的,才是你真正擁有的。

對我來說,做料理最大的快樂就是看到吃的人開開心心的享用著自己做的料理,那樣的滿足和快樂,真的讓人感到一點也不累!

我也藉由做料理,拉近了跟我媽媽和我婆婆的感情,還有我的家人跟著我一起分享著料理,某個程度我也能體會,當媽媽的那種快樂心情,就是讓全家人都快快樂樂的坐在餐桌上一起吃飯。這就是天底下母親的快樂吧!也因為做料理,更瞭解原來做菜也是很辛苦的事,所以更能體貼媽媽這麼多年來的辛勞,以前只負責吃,不會有什麼感覺,現在自己也做菜了,才懂,每一道菜,都是辛苦,都是愛。

老實說,一直到現在,我對於我怎麼會出版一本跟料理有關的書感到非常訝異。這完全不在我的人生規劃和想像裡(是說,我的人生本來就沒有規劃,向來都是「隨遇而安」),所以從我開始想要做菜、愛上做菜,到跟大家分享料理的大小事,這一路都是很不小心走來的,所以我常笑自己:「我的人生怎麼會走到這一步呢?」

我想,這就是人生美好的意外吧!

一開始在網路上分享料理的照片,沒想到一直有人問我作法,我抱著寫寫看

的心情，用菜鳥的角度（因為很不專業）來寫給菜鳥看得懂的食譜，沒想到真的有人看，也有人跟著做。擅於寫兩性的文章，但一開始寫食譜的我，是非常沒有頭緒，也很懷疑自己寫不寫得好。但我發現，只要樂於分享，就算不專業、不夠好，最快樂的就是「分享」的那個過程。

不要因為自己不夠好，沒有信心，或想要藏私，就吝於分享。每一個人都有分享的能力，都有付出的能力，請不要小看自己的力量。

或許，付出並不一定有回報，也不一定如你預期。但不能因為這樣就不再付出，就像努力不一定會成功，但不能因為現在還沒有成功，我們就不努力。最後你會發現，你以為你要得到的成功、成就、回報，都不是讓你最快樂的事，最快樂的，是你努力盡力的那個過程。會讓你更愛你自己！

我相信，能付出的人是幸福的，想要得到幸福，先當那個給別人幸福的人吧！

希望我這一本書，我的小小分享，也能帶給你們一點點的幸福感（或飢餓感？），我們一起當一個努力讓身邊的人幸福的人！

不當黃臉婆，要當美麗的煮婦

有一天中午，我送了 10 幾人份的滷豬腳和炒米粉到另一半公司給他們同事加菜（煮婦的外送服務），同事們看到我，問我花了多久時間煮飯？煮完還美美的好厲害，其實我認真做菜的時候，也是很狼狽、邋遢的，但是每次快煮好時我就會去快速補個妝，整理一下儀容。因為我希望除了做料理，菜要美，我自己也不能醜。

自從開始做料理後，我最害怕的就是會不會變成黃臉婆？我覺得踏入婚姻的人或多或少都會有點惰性，因為不必追求了、不怕對方被搶走了（現在的社會還是不要太放心比較好），都已經生米煮成熟飯，已經是夫妻了，就會開始鬆懈，顯示出自己的真面目（是有這麼可怕嗎？），於是就變得比較懶惰、隨便，不太好好的打理自己，也不一定會像追求時期那麼用心經營。

我覺得這是很可怕的事，尤其是女生，如果一旦你一放棄自我了，一旦鬆懈停滯（甚至退步），你靠的只是另一半的良心、責任感（或愧疚感？）來讓婚姻持續。但其實這是很危險的一件事，如果你越來越把重心都放在家庭、孩子身上，卻沒有放在自己身上，久而久之，你都變得不夠喜歡自己了，總是為了別人而活，也對別人造成了壓力。

我覺得就算結婚了，也要隨時都保有一顆「小姐」的心，並不是你要去偽裝單身去認識異性，而是你還是個漂漂亮亮、自信有魅力的「小姐」，你並不是結了婚就只有太太、母親這個身份，你還有你自己的身份。所以，當小姐時，你怎麼對自己好，怎麼打理自己，你婚後（隨著年紀漸長）你更要維持、經營。讓自己有魅力，隨著年紀增長更有魅力！

我有個已婚的朋友說：「女生絕對不能讓你的老公因為『同情』你而跟你在一起。或他是鄙視你、瞧不起你的，也不行！」一語驚醒許多人，婚後讓另一半依然覺得你很有魅力，甚至為你著迷，這樣的婚姻才會常保快樂和幸福（性福）。

你想要你的另一半用什麼眼神來看你，你就要用什麼眼神來看自己。

你瞧不起自己，他也瞧不起你；你不尊重自己，他也不會尊重你；你讓自己沒有原則，他也會這樣對你。所以女人啊！我們要先想想，我們是怎麼看自己的，才能讓對方同等的看待我們。所以你希望對方覺得你很有魅力、很有自信，那麼，你就朝這個目標好好的經營自己。結了婚，還要他追著你跑、黏著你、以你為傲，以身為你的另一半為榮，這樣才是人妻最大的成就啊！

所以我常會用「居安思危」這四個字來形容婚姻，以及婚後的人。並不是要你抱著懷疑恐懼、不安、不信任的態度來對對方，而是，你不能理所當然的覺得對方對你好就是應該的，他應該愛你一輩子，他應該不變。很多事情，過了多少年後，都是很難講的。我們不能像是個賭徒一樣（是說婚姻也很像賭博），而是，我們要懂得去維繫感情、去經營婚姻，還有最重要的是我們要自我提升、讓自己越變越好！

你要好到對方覺得不能失去你、很愛你，他的人生不能沒有你，那麼，你才不用害怕。在這段關係中，你才不會趨於弱勢。所以，任何一段關係並不是在一起久了，就可以擺爛，而是，你要時時刻刻都珍惜、用心。

也不要覺得對方跟你是老夫老妻了，你就可以隨意的對他發脾氣、對他宣洩負面能量，或不給他面子、抱怨碎唸，很多時候，感情就是這樣一點一滴磨光的、消耗掉的。所以我總是時常提醒自己，要當一個對方看到我就感到開心、放心、輕鬆的另一半。

長久的關係，靠的是經營，長久的婚姻，要懂得控制自己的情緒。

不當黃臉婆，要當個自己看到自己都開心的女人，就算你為家庭付出、為另一半付出，但請別忘了，不要失去自己。

有人問我是不是天天都會做菜，我說，不一定。做菜是開心的時候做（那麼有不開心的時候嗎？也沒有啦！），想做就做，不必勉強自己，也不用把它當作責任義務，這樣你就不會做得開心。也不要給自己壓力，一定要變成名廚還是端上幾菜幾湯？做菜真的就是開心就好、量力而為，沒有壓力、用愛去做出來的料理，才會好吃。就算你只會煮泡麵、煎荷包蛋，那又如何，你開心，那就是最美味的料理了。

我常提醒自己要帶著笑容做菜，就算忙碌或累，也不要露出不耐煩、不開心的表情，因為這樣做出來的菜，就不美味了。當然，如果別人做菜給你吃，你一定要非常感謝、努力讚美，一定要給鼓勵，這樣你才會繼續吃到對方的料理。

雖然我年紀不小，坐三望四了，但我想，如果我變成了歐巴桑，應該也還是

一樣有一顆少女心（依然三八），**當一個散播歡樂的煮婦，把愛的料理分享給我愛的人。因為餵飽別人，就是我最大的成就！**

只要你沒有一個黃臉婆的心態，你老了也不會變成黃臉婆。老了還是愛美（像我媽媽和婆婆一樣 60 幾歲還是很愛漂亮），你還是一樣會擁有一顆美女的靈魂，活到老，正到老；活到老，把你的另一半迷到老！哈！

敬每一位美麗可愛的煮婦們！

唯心 12

幸福
的味道
煮婦女王的簡單料理和幸福秘方

作　　　者	女王
攝　　　影	艾肯攝影工作室 鄧正乾
藝 人 經 紀	吉帝斯整合行銷工作室 任月琴（0939-131-404）
髮　　　型	Hip Hair Culture Mia
化　　　妝	呂怡靜
美 術 設 計	MIMI
責 任 編 輯	簡子傑
協 力 編 輯	張沛榛、程郁庭
責 任 企 劃	汪婷婷
董 事 長	
總 經 理	趙政岷
總 編 輯	周湘琦
出 版 者	時報文化出版企業股份有限公司
	10803 台北市和平西路三段二四〇號七樓
發 行 專 線	（〇二）二三〇六一六八四二
讀者服務專線	〇八〇〇一二三一一七〇五
	（〇二）二三〇四一七一〇三
讀者服務傳真	（〇二）二三〇四一六八五八
郵　　　撥	一九三四四七二四時報文化出版公司
信　　　箱	台北郵政七九～九九信箱
時 報 悅 讀 網	http://www.readingtimes.com.tw
電子郵件信箱	books@readingtimes.com.tw
第 三 編 輯 部	http://www.facebook.com/bookstyle2014
風 格 線 臉 書	
法 律 顧 問	理律法律事務所　陳長文律師、李念祖律師
印　　　刷	詠豐印刷股份有限公司
初 版 一 刷	二〇一六年六月十日
定　　　價	新台幣 四五〇 元

國家圖書館出版品預行編目 (CIP) 資料

幸福的味道：煮婦女王的簡單料理和幸
福秘方 / 女王著. -- 初版. -- 臺北市：時
報文化，2016.06
　面；　公分
ISBN 978-957-13-6623-4(平裝)

1. 食譜
427.1　　　　105006621

特別感謝
  freshSense 植淨美

MÖVENPICK 瑞士莫凡彼冰淇淋　 Fong Chà 丰茶　 Joy in Kitchen 桂冠窩廚房　GREEN DAYS by Fujin Tree

場地提供　 freshONE 太平洋鮮活